数智化时代产业智联生态系统创新理论研究丛书

丛书主编
明新国　张先燏

面向客户价值的智能产品概念设计方法

明新国　厉秀珍　张先燏
著

上海科学技术出版社

内 容 提 要

本书在分析国内外研究及工业实践的基础上，围绕智能产品各个阶段的设计，介绍和阐述了智能产品概念设计框架、智能产品的客户需求识别与分析、客户需求向技术属性转化、智能产品监测与控制功能的设计、智能产品优化与自主功能的设计等内容，重点介绍了基于客户价值最大化的智能产品需求分析方法，基于改进的模糊 TOPSIS 智能产品需求转化方法，面向智能产品的监测、控制、优化及自主功能的设计方法等；并在上述理论、方法与技术研究的基础上，选用智能冰箱与智能扫地机器人作为案例分别验证了技术的可行性。

本书为一套完整的框架、理论、方法和技术体系，且理论在企业中得到了验证，既可以作为企业和政府管理人员的培训教材、高等院校管理专业师生的参考教材，也可以作为从事生产性服务业相关工作人员的参考用书。

图书在版编目（CIP）数据

面向客户价值的智能产品概念设计方法 / 明新国，厉秀珍，张先燏著. -- 上海 : 上海科学技术出版社，2024.1

（数智化时代产业智联生态系统创新理论研究丛书 / 明新国，张先燏主编）

ISBN 978-7-5478-6387-9

Ⅰ. ①面… Ⅱ. ①明… ②厉… ③张… Ⅲ. ①产品设计－智能设计－研究 Ⅳ. ①TB21

中国国家版本馆CIP数据核字(2023)第205328号

面向客户价值的智能产品概念设计方法

明新国　厉秀珍　张先燏　著

上海世纪出版(集团)有限公司
上 海 科 学 技 术 出 版 社　出版、发行

(上海市闵行区号景路 159 弄 A 座 9F－10F)

邮政编码 201101　www.sstp.cn

江阴金马印刷有限公司印刷

开本 710×1000　1/16　印张 11.25

字数：180 千字

2024 年 1 月第 1 版　2024 年 1 月第 1 次印刷

ISBN 978－7－5478－6387－9/TB・19

定价：85.00 元

前言

当前，一些先进技术的发展使产品经历了四个阶段的演变：第一个阶段是传统产品，主要由机械类和电子类零部件组成，数字化技术能准确描述产品信息，提高了产品运行效率；第二阶段是智能产品，主要有物理模块、智能模块和连接模块组成，能增强传统产品和服务的功能；第三个阶段是产品系统，将智能产品集成到产品系统中，采用预测算法和强大的数据分析工具优化系统性能，实现跨企业合作；第四个阶段是系统的系统，产品系统被集成到其他系统中，通过与其他系统配合来增强智能产品的功能和提高工作效率，实现跨行业合作。从产品演变过程可以看出智能产品是产品发展的必然结果，也是演变的核心。传统产品只有升级为智能产品才能衍生出后续的产品系统和系统的系统，而产品系统和系统的系统都是围绕智能产品提供服务，目的使智能产品功能更强大。

然而智能产品发展仍处于初级阶段，还面临五个方面的挑战：第一，智能产品战略仍在制定中，企业投入的人力和资金过少，不利于智能产品后续发展；第二，智能产品要经历三个阶段，包括制定产品战略、验证产品功能和在各个职能部门中大规模部署；第三，智能产品研究跨越多个学科，将智能产品置于物联网中实现研发、制造、服务等多个领域的跨学科协作；第四，智能产品要将软件设计放在首位，需要软件设计团队作支撑；第五，在设计后期，甚至是售后服务中，智能产品作为载体仍在不断创造价值。这些挑战迫使企业的传统部门结构转型，这种转型以智能产品研发为起点，辐射到整条产品价值链中。

因此，本书基于这一需求，结合工业场景中实际相关案例的分析，梳理智能产品概念设计方法要素及其特点，针对智能产品概念设计理论体系与关键技术开展系统性的研究。本书分为 8 章，第 1 章介绍智能产品背景、发展与设计的定义；第 2 章介绍智能产品概念设计框架；第 3 章介绍基于客户价值最大化的需求识别方法与分析技术；第 4 章介绍客户需求向技术属性转化技术；第 5 章介绍智能产品监测与控制功能的设计技术；第 6 章介绍智能产品优化与自主功能的设计技术；第 7 章和第 8 章分别介绍智能冰箱和智能扫地机器人的概念设计案例。本书内容有助于指导传统企业在产品智能化转型升级中克服瓶颈问题，为智能产品在我国的发展推波助澜。

本书主要内容来源于实际工业需求，探讨了智能产品概念设计理论体系、技术方法与面向客户的相关解决方案实现过程中长期面临的若干关键问题，并从理论和实操层面提出解决方案，对企业实现产品智能化转型具有良好的理论指导与借鉴。因此，本书不仅可以作为企业和政府管理人员的培训教材、高等院校管理专业师生的参考教材，还可以作为从事生产性服务业相关工作人员的参考用书。

上海交通大学机械与动力工程学院的明新国教授、厉秀珍博士、张先燏博士参与了全书的编著工作。感谢上海交通大学机械与动力工程学院的李淼博士、石易达硕士研究生等人，他们参与了全书的整理与修订工作。同时，感谢大规模个性化定制系统与技术全国重点实验室陈录城、盛国军、鲁效平等专家对本书的指导与支持。

作　者

2024 年 1 月

目录

第1章 智能产品概念设计概述

1.1 智能产品的背景与发展

人类社会发展经历了工业经济、体验经济、知识经济及转换经济等四个阶段的变化，产品也随之发生了改变。在工业经济中，强调产品的功能及其带来的利益；在体验经济中，通过客户体验最大化产品及相关服务的价值；在知识经济中，借助知识平台提高产品的创新性；在转换经济中，构建产品价值网络实现产品价值的转移，即完成产品价值向客户价值的转换。

当前，一些先进技术的发展使产品经历了四个阶段的演变，如图 1-1 所示。第一个阶段是传统产品，主要由机械类和电子类零部件组成。数字化技术能准确描述产品信息，提高了产品运行效率。尽管传统产品不断创造新价值，但它不是推动创新和保持竞争力的关键。第二阶段是智能产品，主要有传统模块、智能模块和连接模块组成，能增强传统产品和服务的功能。通过信息技术(IT)将有线或无线系统纳入智能产品中，企业各个职能部门在互联系统中使用产品数据来实现新功能、远程服务、质量改进及优化现有的设计、制造和服务。第三个阶段是产品系统，将智能产品集成到产品系统中，采用预测算法和强大的数据分析工具优化系统性能，实现跨企业合作。第四个阶段是系统的系统，产品系统被集成到其他系统中，通过与其他系统配合来增强智能产品的功能和提高工作效率，实现跨行业合作。

从产品演变过程可以看出智能产品是产品发展的必然结果，也是演变的核心。传统产品只有升级为智能产品才能衍生出后续的产品系统和系统的系统，而产品系统和系统的系统都是围绕智能产品提供服务，目的使智能产品功能

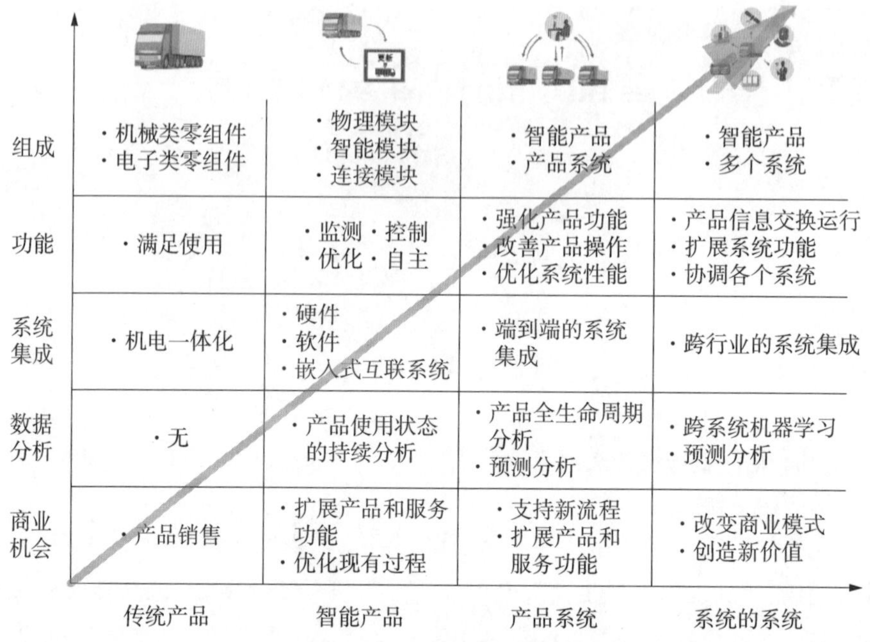

组成
·机械类零组件
·电子类零组件
·物理模块
·智能模块
·连接模块
·智能产品
·产品系统
·智能产品
·多个系统
功能
·满足使用
·监测·控制
·优化·自主
·强化产品功能
·改善产品操作
·优化系统性能
·产品信息交换运行
·扩展系统功能
·协调各个系统
系统集成
·机电一体化
·硬件
·软件
·嵌入式互联系统
·端到端的系统集成
·跨行业的系统集成
数据分析
·无
·产品使用状态的持续分析
·产品全生命周期分析
·预测分析
·跨系统机器学习
·预测分析
商业机会
·产品销售
·扩展产品和服务功能
·优化现有过程
·支持新流程
·扩展产品和服务功能
·改变商业模式
·创造新价值
传统产品
智能产品
产品系统
系统的系统

图 1-1 产品演变过程

更强大。

随着信息技术(主要是计算机与物联网技术)的发展,单纯由硬件和少量软件组成的产品现已进化为由各种复杂系统组成的产品。特别是硬件、软件、传感器、微处理器、控制器等,以多种多样的方式构成复杂系统,然后组成产品。产品与物联网相连后,智能化程度大大提升了。通过云计算技术形成产品云,能储存和分析产品数据,运行一些应用程序,这显著地提升了产品功能和效能,而产品的相关软件运行在自己的或第三方服务器上。运用大数据分析技术,从海量产品运行数据中迅速提取有价值的信息。这些先进技术为智能产品的发展提供技术支持。近年来,美国政府在 2012 年公布《先进制造业国家战略计划》,强调加大研发投资,加快产品开发。我国也在 2015 年制定《中国制造2025》,提出加快发展智能产品。这些政策的实施不仅为智能产品研究提供了资金支持,也为智能产品发展提供了技术支持。

智能产品发展显示出智能产品是在传统产品基础上升级得到的,因而与传统产品相比,具有一些优势(表 1-1)。

表 1-1　智能产品与传统产品的区别

比较内容	传统产品	智能产品
操作模式	产品上有物理操作界面	App 操作
决策方式	主要靠人为决策	智能决策偏多
产品多样性实现	硬件满足多样性	软件满足多样性
产品持续改进	设置改进目标,完成后被固化	软件不断升级来改进产品
质量监控	模拟环境中监控质量	实际工作中监控质量
工作方式	人工驱动产品工作	自适应能力强,实现自主工作
产品服务	故障发生后去维修店解决	软件实现远程诊断与服务
商业模式	传统交易模式	为服务交付给客户,保养相关职责转移给制造商

为了更好地了解智能产品发展现状,牛津经济研究院和美国参数技术公司(PTC)在 2014 年对全球各地的 300 位制造业高管进行了调查,其行业涵盖国防、航空航天、汽车、医疗和消费品等众多领域。调查结果显示智能产品具有较大的发展潜力。智能产品不但性能更强、可靠性更佳、利用率更高,而且能提供跨界乃至超越传统产品的新功能,甚至在出厂后还能创造利润,使产品价值呈指数级增长。

然而智能产品发展仍处于初级阶段,还面临五个方面的挑战:第一,智能产品战略仍在制定中,企业投入的人力和资金过少,不利于智能产品后续发展;第二,智能产品要经历三个阶段,包括制定产品战略、验证产品功能和在各个职能部门中大规模部署;第三,智能产品研究跨越多个学科,将智能产品置于物联网中实现研发、制造、服务等多个领域的跨学科协作;第四,智能产品要将软件设计放在首位,需要软件设计团队作支撑;第五,在设计后期,甚至是售后服务中,智能产品作为载体仍在不断创造价值。这些挑战迫使企业的传统部门结构转型,这种转型以智能产品研发为起点,辐射到整条产品价值链中。本书正是基于这一需求开展的智能产品概念设计方法研究,希望为智能产品在我国发展献计献策。

1.2 智能产品及其设计的定义

1.2.1 智能产品的定义

新技术的出现，如大数据分析技术、云计算技术、新材料技术等，实现了传统产品向智能产品的转型。产品的发展发生了三种变化：第一为物理产品，由机械类与电子类零部件组成的机电一体化产品；第二是在物理产品中用软件执行某些动作，而物理产品本身的工作性能没有改变，如在物理产品中安装接收器，当接收器接收信号后物理产品就可以工作；第三将软件（如接收器、处理器、控制器等）置于物理产品中，根据用户需求实现产品自操作，这类产品通常被称为“智能产品”，它们在工作过程中产生大量信息，一方面产品通过产生的信息控制自身性能，另一方面用户与制造商也可以使用这些信息。

表 1-2 给出了各国学者及企业对智能产品的定义，这些定义虽然各不相同，但整体上强调智能产品具有以下一些特征：

表 1-2 智能产品的定义

作者	智能产品的定义
Wong 等，McFarlane 等	具有独特的身份；与环境有效交流；保存相关数据；通过语言体现特点、生产、需求等；有决策能力
Kärkkäinen	唯一标识码；连接产品的信息；进行交流
Ventä	连续监测产品状态和环境；与用户、环境、产品和系统进行交互；能响应和适应环境和操作；在变化的环境中维持最佳性能
Valckenaers 和 Van Brussel	主要包括智能主体和智能自主体
Yang 等	智能数据单元；服务推动者；通信支持设施
Valckenaers 等	子整体；智能自主体、智能主体；现实世界的实体
Meye 等	智能水平（信息处理、问题通知和决策）、智能位置（网络和对象）、智能聚合程度（智能项和智能集装箱）
Kiritsis	有传感、储存、数据处理、推理和通信等能力

（续表）

作者	智能产品的定义
智能家用电器的智能化技术通则	明确规定智能家用电器的智能特性、智能化技术和智能控制系统结构
McFarlane 等	连接信息和规则，目的是做出、储存或传输一些支持或影响产品的操作
Främling 等	通过传感器减少一些信息，避免信息量过大而不能进行预处理
Porter 和 Heppelmann	由物理部件、智能部件和联接部件组成，并能实现监测、控制、优化和自主四项功能
PTC	有三级功能：一级包括监控产品状况与操作/使用情况、监控/感知环境；二级包括支持远程控制与服务、提供警报和通知、打造个性化用户体验；三级包括自主操作、与其他系统协调配合、支持远程优化

（1）App 操作。智能产品的数字化用户界面通过 App 搭载在电脑或手机上，实现远程操作，界面植入成本低且修改难度小。

（2）智能决策。利用数据处理工具、方法等对采集的数据处理后，确定智能产品的最优工作策略。

（3）产品的多样性及持续改进。通过升级软件来实现智能产品的多样性及持续改进，且成本比较低。

（4）质量监控。利用传感器监测智能产品在研究过程及客户使用过程中的状况，发现并解决在模拟测试中无法探测和暴露的问题。

（5）自主工作。智能产品利用一些先进技术和方法，如传感器、处理器、控制器等，根据环境调整工作，实现自主操作。

（6）主动服务。根据传感器采集的数据进行故障预测及诊断，主动提供服务，还可以通过软件实现更多的远程维护功能。

（7）商业模式。智能产品作为一种服务提供给客户，将保养等内容转移给制造商，提高产品附加值。

智能产品新特征的出现需要新的设计方法来实现。

1.2.2　智能产品设计的定义

为了促进智能产品快速发展，智能产品设计需要一套全新的设计方法：

(1) 智能产品设计跨越多个学科，以软件为主，强调产品相关数据的作用。

(2) 通过软件定制实现智能产品个性化，软件升级来强化智能产品功能，但要保持软件与硬件的开发频率。

(3) 利用数据分析工具预测故障，优先考虑远程诊断及服务。

(4) 用系统工程的方法将硬件、软件及互联系统等融合在一起，实现智能产品自主操作。

(5) 强调智能产品开发后期，甚至售后中对设计可以快速迭代。

智能产品为生产和运输设计了系统架构，实现了监测与控制。PTC 完成一个闭环设计：智能产品(包含过程处理器、传感器、软件)向有线或无线网络映射，再向数据捕捉和分析工具映射，最后反馈到智能产品上。

智能产品设计与传统产品设计的区别见表 1－3。

表 1－3　智能产品与传统产品的设计区别

比较内容	传统产品设计	智能产品设计
设计侧重点	以机械设计为主，满足基本功能	从产品系统角度出发，以软件设计为主，强调与环境实时互动及数据的重要性
客户关系	一次性交易	以客户需求为中心，实现产品个性化定制，建立持续的客户关系
产品满足对象	以市场为中心，缺什么产品就设计什么类型的产品	将客户需求转化到产品设计中，设计出面向客户的产品
产品工作模式	工人操作产品工作	利用先进技术，如传感器、微处理器、控制器、算法等实现产品自主运行工作，减少或不需要人工干涉
服务方式	实体店服务或售后人员上门服务	通过数据分析提前预测故障，优先考虑远程服务及自主服务
利润分配	以设计、制造方为主	均衡所有利益相关者利润

尽管智能产品在实践中取得很大的成就，然而其设计方法还在探索中，相关的文献极少，因此有必要对智能产品概念设计方法进行研究。

1.3　智能产品设计基础技术研究现状与分析

智能产品概念设计领域的基础技术主要包括客户需求识别与分析、客户需求向技术属性转化、监测与控制功能的设计、优化与自主功能的设计这四个方向，本节将探讨该领域广大前人学者的研究成果，对其进行详细横向对比、纵向分析和经验总结。

1.3.1　客户需求识别与分析技术

1）客户需求分析

随着产品大批量个性化定制的增多，客户需求在产品研发中的作用越来越大。一方面客户需求是产品研发的源头，根据客户需求设计的产品才是客户满意的，客户才会使用它；另一方面客户需求也是产品研发的驱动力，只有客户愿意买产品，企业才会去研发产品，进而获得利润。目前国内外针对客户需求的研究有：

（1）客户需求收集。客户需求的获取是处理客户需求的第一步，也是最困难的环节。客户需求收集主要有问卷调研、观察、访问和推荐等方法。问卷调研法是调研人员将调研的内容设计成问卷后，让客户回答自己的想法从而获得客户需求。观察法是调研人员通过感官，如眼睛、耳朵等，直接观察获得客户需求。访问法是调研人员通过询问的方式从客户的回答中获得客户需求。推荐法是调研人员向客户推荐产品可能的功能，然后让客户做选择从而获得他们的需求。

（2）客户需求分类。当客户需求收集完毕后，需要对客户需求进行分类。客户需求分类主要有层次分类法（KJ 法或亲和图）、Kano 模型和 Maslow 模型等方法。层次分类法从大量客户需求信息中寻找相关的内容并进行聚类，从而形成树状结构。Kano 模型把客户需求分成基本型需求、期望型需求和兴奋型需求等三类，通常与 QFD 结合分析客户需求。马斯洛模型根据人类的动机，把需求分为生理需求、安全需求、社交需求、尊重需求、自我实现需求等五个层次。

（3）客户需求映射。客户通常用自己的语言表达需求，这些需求经分类后不能直接用于产品研发，需求借助一些工具或方法将客户需求映射到产品研发中，目前常用的模型有公理设计、QFD 等。公理设计涉及四个域的映射，即从客户域到功能域、物理域、过程域，客户需求映射到功能需求、设计参数、过程变量，实现产品研发。QFD 将客户需求通过质量屋映射到技术属性、通过零件展开映射到零件属性、通过过程规划映射到过程属性、通过生产规划映射到生产需求。实际上，公理设计和 QFD 的原理类似，都是把客户需求映射到产品上。

传统产品的客户需求识别与分析有不少的研究理论与方法，根据这些理论与方法，将客户需求集成到产品研发中，提高了客户满意度。然而智能产品研究目前仍处于探索中，没有很成熟的模型，所以客户对智能产品的需求很模糊。因此，亟须根据现有的智能产品发展水平，调查出客户对智能产品的需求，然后运用相关理论与方法来识别和分析客户需求，为后续智能产品的设计提供方向。

2）客户价值分析

当客户需求识别完毕，针对客户需求研发的产品需要对客户价值进行预测来判断客户需求是否合理。如果合理，客户需求确定，否则调整客户需求。

对于客户价值，已有的研究给出不同的定义，见表1-4。根据表1-4的描述可知，客户价值可以理解为客户在使用产品的过程中获得的各种利益。

表1-4 客户价值的定义

作者	客户价值的含义
Zeithaml	客户对产品效用的整体评价
Sheth 等	包括功能、社会、认识和条件
Grove	客户使用产品的过程
Gale 和 Wood	产品质量和价格分别对应客户价值的利益和付出
Day	企业提供给客户的价值
Lai	各种类别的利益和成本，利益如功能、情感、享受等，成本如货币、时间等
Woodruff	客户使用产品有利于或阻碍达到客户目的的评价
Parasuraman 和 Riley	提出客户价值学习与运用架构
Berger 和 Nasr	客户给企业带来的价值
Sinha 和 Desarbo	客户价值测度的 Valuemap 模型
Anderson 和 Narus	客户价值是市场管理的基石，并提出价值模型
Oliver	客户价值与满意度之间存在六种模型
Vriens 和 Ter Hofstede	通过手段-目的链理论研究客户价值
Van der Haar, Kemp 和 Omta	以服务质量 SERVQUAL 模型的差距模型(Gap Model)为基础提出客户价值模型
Sirdeshmukh 等	客户价值对客户忠诚度起决定性作用

在市场信息完全的情况下，即客户知道企业保守要价和企业清楚客户保守出价，采用纳什均衡完成交易，使客户利润和企业利润最大化；在市场信息不完全的情况下，即客户不知道企业保守要价和企业不清楚客户保守出价，采用贝叶斯均衡完成交易，使客户利润和企业利润最大化。

客户价值有很成熟的模型，并且这些模型不断被优化，逐渐逼近真实的市场交易，这有利于完成产品交易。然而大部分研究集中于客户价值，很少涉及产品，更没有考虑产品功能的实现。实际上，客户价值是脱离不了产品的，产品才是交易的载体，客户通过使用产品获取价值，其他利益相关者（包括企业、股东、供应商等）实现产品功能付出成本，所以客户价值与产品功能是紧密相关的。

1.3.2　客户需求向技术属性转化技术

1）客户需求转化

当客户需求和产品功能需求确定后，功能需求需要进一步细化才能进行智能产品的设计，细化后的功能需求即是产品的技术属性。客户需求转化为技术属性无论在理论上还是实践中都有大量的研究，并且取得了一定的成果。

在将客户需求整合到产品设计中的研究中，Kano 模型被用以提高客户满意度。QFD 则可建立客户需求和产品设计之间的联系。Kano 模型与 QFD 相结合可将客户需求映射到产品设计中。感性工程被用来识别客户需求并融入产品设计中。Delphi 方法则被用来将客户需求映射到设计过程中。最后，综合运用市场细分网格、代际变化指数、设计结构矩阵、共性指标、数学建模和优化及多维数据可视化工具，可形成一个框架来将客户需求映射到产品设计中。

尽管这些研究采用不同的方法或工具把客户需求映射到产品设计中，但是目前最常用的工具是 QFD。起初，QFD 采用精确数客观地建立客户需求与技术属性之间的关联关系，然而不同客户喜欢用他们的方式表达想法，包括语言和数值描述，但传统 QFD 难以处理这些模糊的信息，因此模糊 QFD 被设计出来。此外，还有一些学者用粗糙数表示映射关系。这些方法直接通过集成精确数、模糊数或粗糙数进行排序，实际上存在很大的误差。为了让技术属性重要度评价更合理，TOPSIS 方法被集成到 QFD 中。传统 QFD 中可采用 TOPSIS 对技术属性重要度评价，TOPSIS 方法在优化后可在模糊 QFD 环境中评价技术属性重要度。

QFD中的质量屋可以建立客户需求与产品技术属性之间的关联关系，并对产品技术属性进行评估，这种方法在客户需求转化中普遍使用。在客户评价客户需求重要度和专家评价客户需求与技术属性关联关系时，内容具有模糊性，通常需要模糊数计算，故将传统QFD升级为模糊QFD。评价技术属性重要度时是一个多准则决策过程，可以选用模糊TOPSIS方法。然而，有研究表明模糊TOPSIS中采纳的欧氏距离公式不能处理所有模糊数，需要对其进行改进，以便保证适合计算所有的模糊数。需求转化方法的贡献与不足见表1-5。

表1-5　总结需求转化方法的贡献与不足

需求转化方法	主要贡献	尚存在不足
传统QFD(精确数)	用精确数评价技术属性重要度	不能有效地处理模糊信息
模糊QFD(模糊数或粗糙数)	有效地表达模糊信息	考虑中值、上下限、区间等
模糊QFD(模糊TOPSIS)	处理多种形式的数	不能准确地处理非满秩矩阵

2）技术冲突解决

在质量屋中，技术属性之间的关系也是重点研究内容之一。一些研究者把技术属性之间的关系分为两类：正相关和负相关。另外一些研究者将它们的关系分为三类：正相关、不相关和负相关。通常正相关和不相关在设计中被忽略，而负相关被认定为冲突，需要采取一些措施平衡或消除。

关于产品设计中出现的冲突已有一些解决方法。创新产品开发过程(IPDP)的方法使用TRIZ解决QFD中的技术问题。TRIZ也可集成到其他工具和方法中处理问题。TRIZ集成到QFD中可支持企业产品生命周期管理(PLM)，其中TRIZ利用设计参数和创新原理解决冲突，用于后续的研究和重用。TRIZ和非TRIZ工具在系统创新过程中(SIP)可识别关键问题和解决问题。技术属性之间的负相关性使用TRIZ矛盾工具包处理并能产生不同的概念，提出的创新方案被参数化CAD软件设计。

QFD中的设计冲突通常选用TRIZ理论来解决，而且TRIZ理论还会推荐不同的概念设计，为后续产品设计指明方向，所以TRIZ理论在冲突解决方面具有独特的优势。尽管TRIZ理论在2003年被更新过，但是它普遍适用于传统产品的设计。智能产品在结构、功能、使用方法等方面与传统产品有很大的区别，显然现有的TRIZ理论不能解决智能产品所有的设计冲突，但是可以根据智能产品的特性改进 TRIZ 理论的内容，使之完全符合智能产品设计要求。

1.3.3　监测与控制功能的设计技术

1）监测功能的设计

随着数字化、计算机等技术的发展，采用监测设备或系统对产品状态和周围环境进行监测，特别是产品工作状态的监测，可以通过监测信号判断产品工作状态。产品发生故障时，通过监测信号可以提前知道，并采取相应措施解决故障或故障出现后迅速处理，这样能够减少产品停产时间。一旦监测信号出现偏差，应及时调整产品工作状态，避免事故的发生。

由于微电子技术让传感器具有体积小、灵敏度高、反应快等优势，该技术正成为领域内研究热点。多个传感器监测时，需要为每个传感器分配监测空间，并保证它们能协调完成监测任务，最终发展成为 WSN。传感器也可安装在机械的各个部分，以加强早期故障诊断和分析，无线传感器网络中的传感节点不仅能监视自身输出，还与相邻节点协调确定整个机械的健康运行，并提供潜在故障的早期警告。无线传感器可用于网络监测机床振动，为预测性维护和工厂机械状态监测提供新工具，特殊的开放式加工系统。将无线传感器网络集成到 CPS 中，可拓展物理世界和虚拟世界的交流。无线传感器网络可辅助进行工业机械状态监测和故障诊断，特别是使用神经网络的传感器故障诊断处理张力。无线传感器网络的传感节点、通信枢纽、通信协议和事件监测引擎可用于跟踪和监测农产品。上述监测方法的贡献与不足，见表 1－6。

表 1－6　总结监测方法的贡献与不足

监测方法	主要贡献	尚存在不足
监测设备或系统	通过监测信号判断产品工作状态	体积大，监测过程复杂，不适合体积小的产品
传感器	体积小、灵敏度高、反应快等	单个传感器监测范围有限
无线传感器网络	给每个传感器分配监测空间，协调完成任务。	监测数据庞大，不能及时提取有价值信息。

产品在工作过程中产生大量数据，一方面会造成数据冗余，要占用很大的储存空间，在传输过程中也会浪费资源；另一方面其他设备不能从传递数据中

获取有价值的信息，从而不能及时响应产品。因此，监测数据必须及时处理，保留其中有价值的数据，合并类似的，剔除无效的，进而减少储存空间，提高传输精度，有利于产品后续的工作。

2）控制功能的设计

控制技术的发展主要经历了三个阶段：经典控制、现代控制和智能控制。经典控制是采用时域、频域和根轨迹分析的方法，适用于线性定常系统，并且是单输入单输出（single input single output, SISO）。现代控制是用状态空间描述系统的动态过程解决线性或非线性系统的多输入多输出（multi-input multi-output, MIMO）问题。智能控制则侧重于多学科交叉运用，包括非数学模型描述、环境和符号的识别、推理机和知识库的设计等内容。目前这三类技术相互渗透，通常结合使用。当难以到达或近距离操作有危险时，想要产品工作，可以通过控制技术来操作产品。常用的控制方法有 PID 控制，即由比例单元、积分单元和微分单元组成，来完成内部回路反馈控制。PID 控制由于结构简单，具有较强的鲁棒性，不需要精确的模型，因而被广泛使用。

当产品操作过程简单，可简化成线性系统时，采用 PID 控制具有较高的精度，控制效果理想。在单输入单输出模型中，内部控制模型（IMC）指导 PID 控制器，可以简化在线调整过程。PID 控制器可被设计用于单输入单输出、线性定时系统，该技术还能处理稳定或不稳定的、显著时滞系统，适用于各种控制器配置。然而，随着技术的进步，产品功能越来越强大，操作过程越来越复杂，特别在模糊环境中存在多变量耦合、强干扰、大时滞、时变等复杂动态特性，传统 PID 控制已经满足不了控制精度要求，因而模糊 PID 控制应运而生。模糊 PID 产生增量控制动作和模糊预估器，可用于提供输出的多步预测，它们组成的控制系统能处理单输入单输出和多输入多输出非线性控制问题。模糊控制规则可用于整定 PID 参数，使系统保持较好的静态和动态性能。模糊 PID 可与神经网络相结合，解决非线性多输入多输出系统问题。实践经验证明，模糊 PID 的参数整定存在不良的情况，会影响模糊控制系统性能和适应性，在模糊参数整定过程中植入一些算法，可提前对模糊控制规则进行优化，减少模糊参数整定时间，提高模糊控制精度。杜鹃搜索算法（CSA）可用于调整模糊 PID 的参数。基于教学优化（TLBO）算法可优化模糊 PID 参数，不需要重置系统参数变化范围。

PID 的使用已延伸到各行各业，从单输入单输出的线性系统到多输入多输出的非线性系统，PID 也从精确控制升级到模糊控制。模糊 PID 适用于各种复杂的、模糊的环境或系统，控制精度越来越高，被工业界使用。然而，在模糊 PID 控制中，由于模糊控制规则有多种组合方式，当模糊 PID 面临不同的控制问题时，需要时间检索最优控制规则，因而导致 PID 参数整定不稳定，甚至会出现整定不良的情况，延长产品或系统达到稳定的时间。为了能提前优化模糊控制规则，一些优化算法被集成到模糊 PID 中，减少振荡时间，使产品或系统在更短时间内稳定。尽管模糊 PID 能有效控制产品，但在控制过程中很少考虑用户个性化体验。上述控制方法的贡献与不足见表 1－7。

表 1－7　总结控制方法的贡献与不足

控制方法	主要贡献	尚存在不足
传统 PID 控制器	具有较高的精度，控制效果理想	处理复杂系统时满足不了精度要求
模糊 PID 控制器	处理强干扰、大时滞、时变等复杂系统	参数整定不良，影响模糊控制系统性能和适应性
自整定模糊 PID 控制器	提前优化模糊控制规则，减少参数整定时间，提高模糊控制精度	很少考虑用户个性化体验

1.3.4　优化与自主功能的设计技术

1）优化功能的设计

优化功能的设计不但能提高产品性能，使工作状态最佳，而且能诊断出故障，并进行自修复。当产品开始工作时，产品的各项功能并不是位于最佳位置，还要受到外界的干扰，实际运动轨迹往往不是期望的运动轨迹，这时需要借助一些工具或方法协助产品迅速处于期望工作状态，提高产品工作效率。常用的方法就是建立产品工作的精确模型，使产品的实际工作轨迹精确跟踪期望轨迹。然而，在实际工作中，外界因素的干扰会对产品模型的精确度造成影响，因此难以建立产品工作的数学模型。日本学者 Arimoto 等在 1984 年提出迭代学习控制（ILC）方法。ILC 利用产品实际输出与期望输出之间的误差，逐次进行迭代，直到误差满足要求停止迭代。它是根据产品输入输出信息进行优化，不需要某些操作的先验性知识就能完成，是一种无模型的优化方法。

在理想状态下，包括线性系统、控制信号没有时滞、状态没有扰动、输出也没有扰动等，ILC无论采用P型、D型、PD型，还是其他类型的学习律，都能在短时间内将产品调整到期望轨迹上。线性迭代学习和重复控制可使参数调整简单、容易。实时反馈控制(RFC)可被集成到ILC中，使ILC不受实时扰动的干扰。产品尽管体积越变越小，操作过程越来越简单化，但功能却更专业，特别与其他产品或系统的协调配合，会使产品工作过程更复杂，理想的工作环境几乎不存在了。

ILC是一种智能的优化方法，经过多次迭代后可以使产品工作状态最优。ILC最早运用在线性系统中，在没有时滞和扰动的状态下，ILC能快速地调整产品工作状态使之在期望轨迹里工作。后来，产品工作过程越来越复杂，使原先简单的线性系统演变成复杂的非线性系统。因此，在模拟产品工作模型时，将时滞和扰动考虑进去，建立新的系统模型，然后根据新模型提升ILC和学习律，使之能适应新的模型。然而研究ILC对故障诊断和修复的很少，如果ILC功能被延伸到故障方面，ILC对产品优化将会变得更强大和有效。上述优化方法的贡献与不足见表1-8。

表1-8　优化方法的贡献与不足

优化方法	主要贡献	尚存在不足
传统的迭代学习控制系统	在理想状态下，短时间内将产品调整到期望轨迹上	不能有效地处理各种复杂的系统，如非线性、控制信号时滞、初始状态有扰动等
改进的迭代学习控制系统	能处理各种复杂系统，使产品稳定工作	没有考虑故障诊断

2）自主功能的设计

智能产品自主实现功能是智能产品未来发展趋势。自主功能主要包括主动识别外界环境，并根据捕捉信号发动操作指令，协调配合各模块或系统以完成任务。自主功能的实现需要集成很多先进技术，如智能感知、智能传输、智能决策、智能控制等，其工作流程像一个复杂的网络，各节点互通信息，还可以跨节点交流，随时与外界环境保持交互。自主功能的实现主要解决两个方面内容:多输入处理和输出的智能决策。

关于产品输入输出问题，国内外学者很早就投入研究，从早期的单输入单输出到多输入单输出，再到现在的多输入多输出。产品多输入多输出问题受到普遍的关注，也是当前的研究热点。目前针对产品多输入多输出有不同的解决方法，其中 ANFIS 是一种比较成熟的技术。多 ANFIS 和遗传算法(GA)结合可构造更加可靠和智能的诊断系统，实验证明多 ANFIS 比单个 ANFIS 精度更高。ANFIS 是一种基于系统输入输出数据对的神经模糊技术，用于不确定系统的建模和控制。人工神经网络(artificial neural network, ANN)和 ANFIS 用于监测和诊断轴承故障的严重程度，实验结果显示 ANFIS 在诊断故障严重程度上要优于 ANN。使用混合参考控制(HRC)和 ANFIS 可提高 PID 控制器的瞬态响应性能。可见 ANFIS 能有效解决多输入多输出问题。

多输出信息是不能直接作用于产品下一步的操作，一方面这些信息的操作指令不一样，不同信息驱动产品不同的功能，另一方面各信息之间存在合作，单个信息难以完成驱动指令。因此，需要对多输出信息进行决策，然后再驱动产品自主工作。智能体是一种有自主行为能力的信息处理实体，可以用于信息决策。单个智能体处理能力有限，后来发展成多智能体系统，保证各信息交流及能协作完成任务。由于智能体具有人工智能的特点，在决策过程中智能体常常被使用。智能体可被用于自动从无线传感器网络中获取信息，并执行信息处理任务，如融合、推理、预测等。由于单个智能体工作能力有限，因此通常多个智能体被集成后用于决策。多智能体系统有五个方面的应用：问题解决、多智能体仿真、构建合成世界、集成机器人和动态程序设计。多智能体协调控制结果可以从集中式和分散式输出扩展到分布式控制中。二阶多智能体系统的分布式协调问题也吸引了学界研究。

自主功能设计强调产品自动操作，在工作过程中不需要人工干涉。虽然产品经历了从单输入单输出到多输入多输出的演变，单输入单输出问题已基本解决，多输入单输出技术发展也很成熟，但是多输入多输出正处于研究中。其中，ANFIS 利用神经网络和模糊推技术，能有效处理多输入多输出问题，已得到一些学者的认可。然而，产品输入输出问题得到解决后，针对输出信息还要智能做出决策，包括任务分配、各信息的协调和交流等，驱动产品工作。尽管 ANFIS 和多智能体系统在各自领域得到重视，但是如何有效集成二者实现产品自主工作仍值得探索和研究。

第2章 智能产品概念设计框架

智能产品概念设计以客户需求为源头,以实现监测、控制、优化与自主功能为目标进行设计。通过收集客户对智能产品的需求,并将其集成到智能产品概念设计中,可以实现智能产品功能,提高客户满意度。智能产品概念设计是一个跨学科的系统工程设计,主要强调硬件、软件及互联系统的集成,甚至可以将软件部署在云端,提升智能产品的自主化水平。该过程需要一整套完整的设计框架作为指导,以及完善的设计流程与具体的方法、工具作支撑,完成智能产品概念设计。

因此,本章提出面向客户价值的智能产品概念设计框架,主要内容包括智能产品概念设计的相关概念特征、智能产品特点分析、智能产品概念设计的总体框架与流程,以及框架的可行性和先进性分析。

2.1 智能产品概念设计特征定义

在智能产品概念设计过程中,一些相关概念特征定义如下:

1) 智能产品特征

传统产品主要是机械类与电子类零部件组成的机电一体化产品,与环境交互能力较弱。其核心功能依靠硬件完成,产品的改进也是通过硬件的升级来实现,少量软件只是用来协助硬件完善产品功能。智能产品由传统模块、智能模块和连接模块组成,强调通过互联系统与环境实时地互动。智能产品作为一种服务交付给客户,其软件部署在产品内或云端,可以通过软件定制和升级分别实现智能产品的个性化设计和持续改进。智能产品具有监测、控制、优化和自主四项功能,每一项功能的实现都为下一项功能设计打好基础,目的是提高智能产品自主工作能力。

针对智能产品四项功能的设计，其技术方法如下：利用传感器和感知的数据对智能产品状态、运行及周围环境进行监测；通过产品内置或云端的命令和算法远程控制智能产品及提供用户个性化体验；有了监测数据和控制能力，采用算法提升智能产品性能和故障诊断、服务水平；融合监测、控制与优化功能，提高智能产品自主化水平，包括自主运行、与其他产品或系统的协调配合、强化产品性能、故障自诊断与自服务等。

2）客户价值特征

客户价值通常包含两个方面的内容：在使用产品过程中获得的利益和付出的代价。其中，利益主要有功能的便捷、情感的愉悦、精神的享受等；代价包括产品的选择、购买的价格、服务的成本等。总的来说，客户获得的利益普遍大于付出的代价，否则客户不会参与产品交易。

本书中的客户价值强调客户在使用智能产品过程中获得的各种好处，包括操作过程的简化、远程控制、故障自服务和个性化体验等，这是驱动客户购买智能产品的主要因素。实际上，智能产品是客户价值的载体，智能产品是实实在在存在的，客户价值虽然看不见但其附在智能产品的功能上。客户一旦使用智能产品的功能，客户价值就会得以体现。

在价值博弈过程中，其他利益相关者为了实现智能产品的功能付出成本，从而确定要价；客户使用功能获得价值，从而确定出价。要价和出价通过博弈，最终按某种比例完成交易，保证了各利益相关者获得的利润最大化，进而确定智能产品的交易价格。

3）功能需求（Functional Requirement）特征

在公理设计中，功能需求是为了满足客户需求而产生的。每项功能需求包含最小信息量，且各项功能需求是相互独立的。在理想状态下，客户需求与功能需求是一一对应的关系，但是由于客户对产品需求越来越复杂，对应关系扩展为多对一、一对一及一对多。本书中的功能需求与客户需求是一一对应的，每项功能需求用最小的信息量来满足客户需求，所以功能需求分为基本型、期望型和兴奋型三种类型。其中，监测功能属于基本型，控制与优化功能属于期望型，自主功能属于兴奋型。功能需求识别不仅为了满足客户需求，也是为了平衡各利益相关者的利益，不能直接用于智能产品概念设计，需要进一步细化。

为了满足这三类客户需求，智能产品的功能需求被识别。在识别过程中，遵循功能独立性原则。因此,监测功能满足基本型客户需求,控制与优化功能满足期望型客户需求,自主功能满足兴奋型客户需求。

4) 技术属性及冲突(technical attribute and conflict)特征

关于技术属性,一些学者给出了不同的定义。Ye 和 Gershenson 将技术属性分为功能性技术属性与非功能性技术属性。Chen 等定义技术属性为一个单独的零件及与其他零件的连接关系,可见技术属性与产品设计紧密相关。本书中的技术属性是智能产品概念设计的基本元素,为了满足功能需求细分得到的。由于智能产品是在传统产品基础上升级得到的,某些技术发展很成熟,直接可以调用,故智能产品的技术属性包含一些硬件、软件和系统,甚至有些技术属性还可以进一步细化,通常用一组或几组语言与数值来描述。

技术冲突指技术属性之间的矛盾,即改善一项技术属性的设计信息,造成另一项技术属性的设计信息满足不了要求,它们被破坏或恶化了,反之成立。技术冲突会对智能产品概念设计产生负面影响,需要识别并采取措施解决。技术属性之间还有正相关关系,即改善一项技术属性的设计信息,同时提高了另一项技术属性的设计,反之也成立。在智能产品概念设计中要合理地利用正相关关系,有利于提高智能产品的智能化水平。此外,技术属性之间的不相关关系对智能产品概念设计没有影响,几乎不考虑。

2.2 智能产品特点分析

由于智能产品跨越多个学科,涉及多个领域,智能产品特点分析包括搭建新的技术架构和采用新的工作原理。

2.2.1 智能产品技术架构

智能产品的实施需要构建一套新的技术架构,包括组成智能产品的三类模块、通信系统的网络协议、产品云、交互界面及与外部系统的接口,如图 2-1 所示。水平层级上有三层内容:第一层是基础层,指出智能产品的基本组成;第二层是连接层,主要指智能产品与外界连接的通信系统,也就是智能产品与产品云之间的链接协议;第三层是应用层,强调产品云,其软件部署在自己的或第三方的服务器上。在这层里智能产品利用一些先进技术、算法、数据分析工具实现监测、控制、优化与自主功能。此外,在开发平台上用户对应用软件快速开发。垂直层上有交互界面及与其他系统交互的接口。总之，智能产品技术架构的搭建需要软件开发、系统工程设计、数据分析、网络安全等技术做支撑。

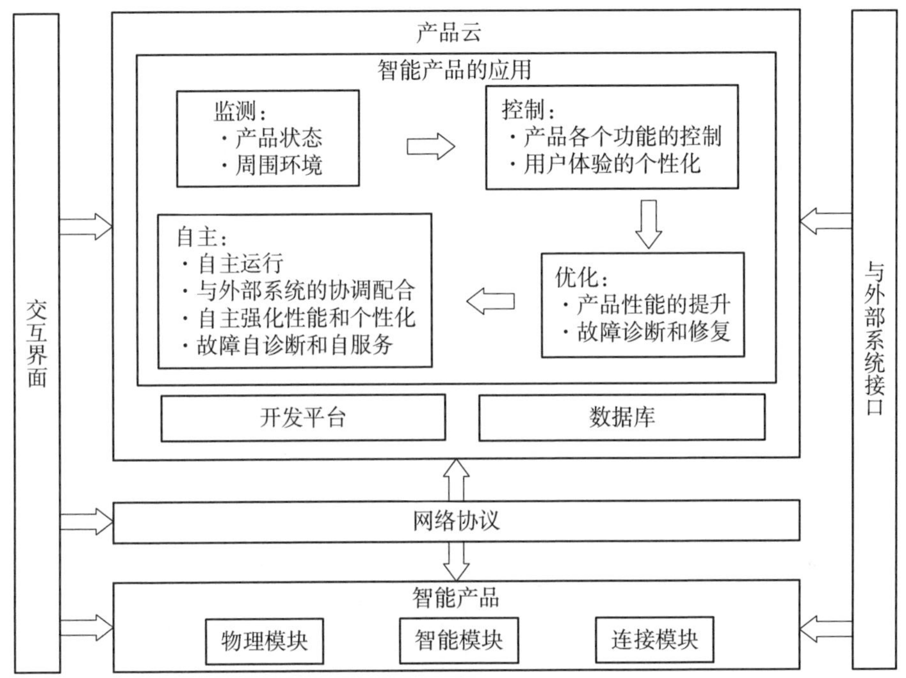

图 2-1　智能产品技术架构

关于智能产品技术架构的详细内容，描述如下：

智能产品：模块间是递进的关系，智能模块加强物理模块功能与价值，连接模块强化智能模块的功能与价值。

网络协议：网络通信系统主要用于连接智能产品与产品云，为了使其有效交流，需要制定链接协议。

数据库：储存智能产品本身产生的数据及与智能产品相关数据，并且对历史数据和实时数据标准化后进行管理。

开发平台：提供开发和执行应用程序的环境。通过数据输入、虚拟化和运行工具，用户可以快速开发智能产品的应用软件。

智能产品的应用：是智能产品技术架构的核心内容。通过远程服务器上软件的运行，来管理智能产品的监测、控制、优化与自主等功能，数据在管理过程中起决定性作用。智能产品的实时数据有位置、状态及使用状况的数据；历史数据包括故障修复、产品保养、服务等内容；外部数据有价格、库存、销量等信息。收集这些数据，利用数据分析工具识别出智能产品运动规律，甚至可以将数据与故障关联。例如，智能产品在工作过程产生故障，有些故障无法辨别根源，这种情况下可以根据长期积累的数据寻找规律并进行修复。数据分析工具有四种类型：描述型分析工具可以捕捉智能产品的状态、运行和周围环境的信息；诊断型分析工具可以检查故障发生的原因；预测型分析工具可以预测哪些故障的发生；对症型分析工具可以寻找解决故障的方法。运用这些工具可以更好地管理智能产品功能。

交互界面：验证用户身份及安全进入管理系统，保证智能产品、网络协议和产品云安全的工具。

与外部系统的接口：主要有两个方面内容的对接，第一是外部信息对接，如天气情况、交通运输、地理位置等，提前规划智能产品的工作；第二是外部系统对接，包括客户关系管理(customer relationship management, CRM)、产品数据管理(product data management, PDM)、企业资源管理(enterprise resource management, ERP)等，可以及时获取企业内部信息，调整智能产品状态。

2.2.2 智能产品工作原理

智能产品功能分为四项(图 2-2)：第一项是监测功能，采用无线传感器网络监测产品和环境；第二项是控制功能，利用远程控制系统控制产品各项操作及提供用户个性化体验；第三项是优化功能，通过迭代学习控制系统提升产品性能与故障诊断、服务；第四项是自主功能，自适应神经模糊推理系统处理多输入信息后将输出传递给多智能体系统进行智能决策。下面详细介绍四项功能的工作原理。

监测是智能产品的第一项功能。可以将传感器安装在智能产品上及周围环境中，多个传感器形成无线传感器网络，对产品状态、运行及环境进行监测。由于无线传感器网络获得的监测数据庞大，采用 K-means 算法可以对监测数据分类，提取有价值信息、识别故障信息、剔除无效信息。其中，有价值信息可以通过通信网络传递到产品云中，故障信息需要进行诊断后采取措施解决。

控制是智能产品的第二项功能。远程控制系统利用监测数据实现远程控制及用户个性化体验，并将控制信息上传到产品云中。改进的自适应遗传算法提前优化模糊控制规则，这些优化的规则被储存。当模糊 PID 控制器远程控

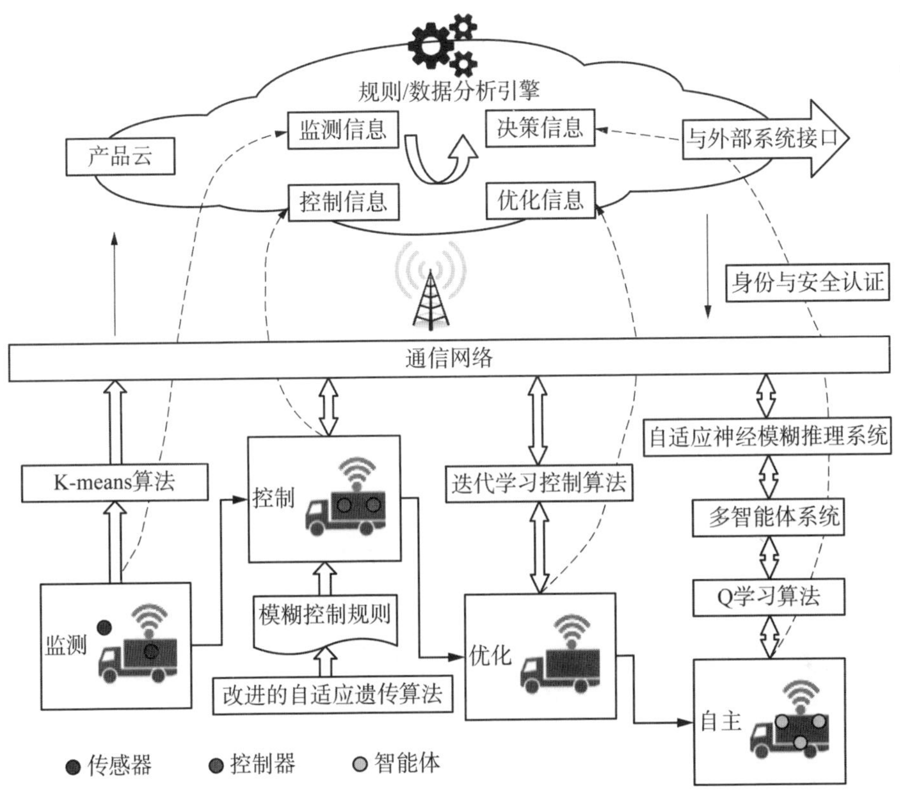

图 2-2　智能产品工作原理

制智能产品时，直接调用优化的模糊控制规则，此时模糊 PID 控制器升级为自整定模糊 PID 控制器，减少整定时间。此外，远程控制系统还可以为用户提供多种与智能产品交互的方式。

优化是智能产品的第三项功能。通过监测数据与控制功能，智能产品可以采用迭代学习控制算法提升产品性能。优化过程中，经多次迭代后，智能产品的工作轨迹可以逼近期望轨迹，使其工作性能最佳。如果实际输出仍达不到期望输出，智能产品可能有故障出现。在故障还没有造成很严重的后果前，可以远程对智能产品进行维护。即便需要实地维护，如果能提前知道故障信息，就能提高故障修复率。同理，优化信息也是要经过通信网络传给产品云的。

自主化是智能产品工作的最高境界。自适应神经模糊推理系统可以处理来自监测、控制和优化三项功能的信息，将输出信息传给多智能体系统。不同的智能体簇接收信息后进行簇内簇外协调，采用 Q 学习算法强化学习后得到最优策略，然后作用于执行器，驱动智能产品自主工作。产品云中的规则/数据分析工具能够按照智能产品状态协调分配监测、控制、优化与决策信息。

2.3 智能产品概念设计框架

智能产品概念设计的总框架与总流程概括了概念设计过程中所采用的理论、方法和技术等内容，可以用于指导智能产品后续的设计。

2.3.1 总体设计框架

通过对智能产品技术架构与工作原理的分析，可知智能产品概念设计需要新的方法。现状分析中已经总结了智能产品概念设计过程中遇到的问题，我们在文献研究与企业调研的基础上，可以找出已有方法能解决的部分问题，剩下的问题就需要研究新的方法或理论来解决。考虑到产品概念设计相关技术的发展，如计算机技术、信息技术、新材料技术等，结合智能产品概念设计特点，我们需要研究新的模型、算法、技术等，解决概念设计中还没有解决的问题，然后对新方法进行全面、系统地研究，制定出完整的概念设计方案。经过查阅大量的智能产品相关文献及多次与已经实施智能产品战略的企业交流，研究团队构建了智能产品概念设计总体框架(图 2-3)。

智能产品概念设计以客户需求识别为起点，以实现智能产品四项功能为终点。该框架一共分为三层：顶层是智能产品概念设计过程，中层是实现概念设计的一些相关方法，底层是支撑概念设计方法的一些工具。智能产品概念设计过程分为四个阶段，依次为智能产品的客户需求分析、客户需求向技术属性转化、监测与控制功能的设计、优化与自主功能的设计。各阶段逐级递进，通过层层映射来实现设计的传递。对应地，智能产品概念设计方法分别为：①在利益相关者利润最大化的基础上识别客户需求与功能需求；②在技术属性识别后，完成客户需求向技术属性转化；③技术属性组成模块实现智能产品监测与控制功能的设计；④优化与自主功能的设计完成后对各个系统进行集成。概念设计方法的实现离不开相关的理论与工具的支持，包括已有的一些理论与工具、改进的理论与工具及融合一些理论与工具。

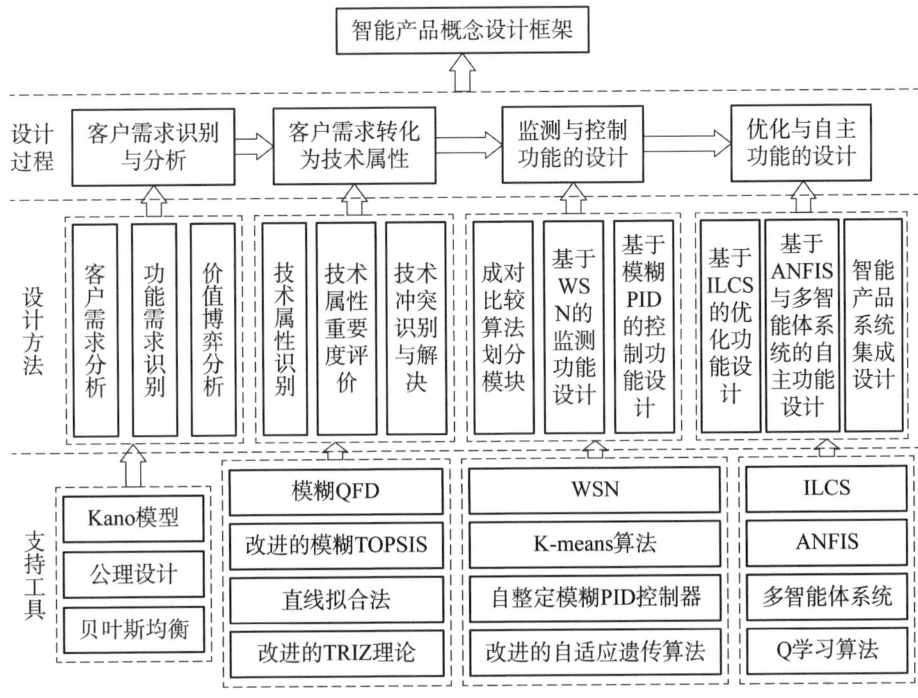

图 2-3　智能产品概念设计框架

2.3.2　总体设计流程

根据智能产品概念设计框架，总结出概念设计框架实施的具体流程，如图 2-4 所示。

1）客户需求分析

在阅读大量智能产品文献的基础上，通过主动调研挖掘客户对智能产品潜在的需求。根据客户需求的特点，采用 Kano 模型将客户需求分成三类，分别为基本型、期望型与兴奋型。

2）功能需求识别

在理想状态下，公理设计中的客户需求与功能需求是一一对应的。类似地，功能需求也被分成三种类型，依次为基本型功能需求、期望型功能需求与兴奋型功能需求。此外，一项功能需求只能满足相应的一项客户需求。

3）价值博弈分析

其他利益相关者为了实现智能产品的功能需要预测消耗成本，客户使用智

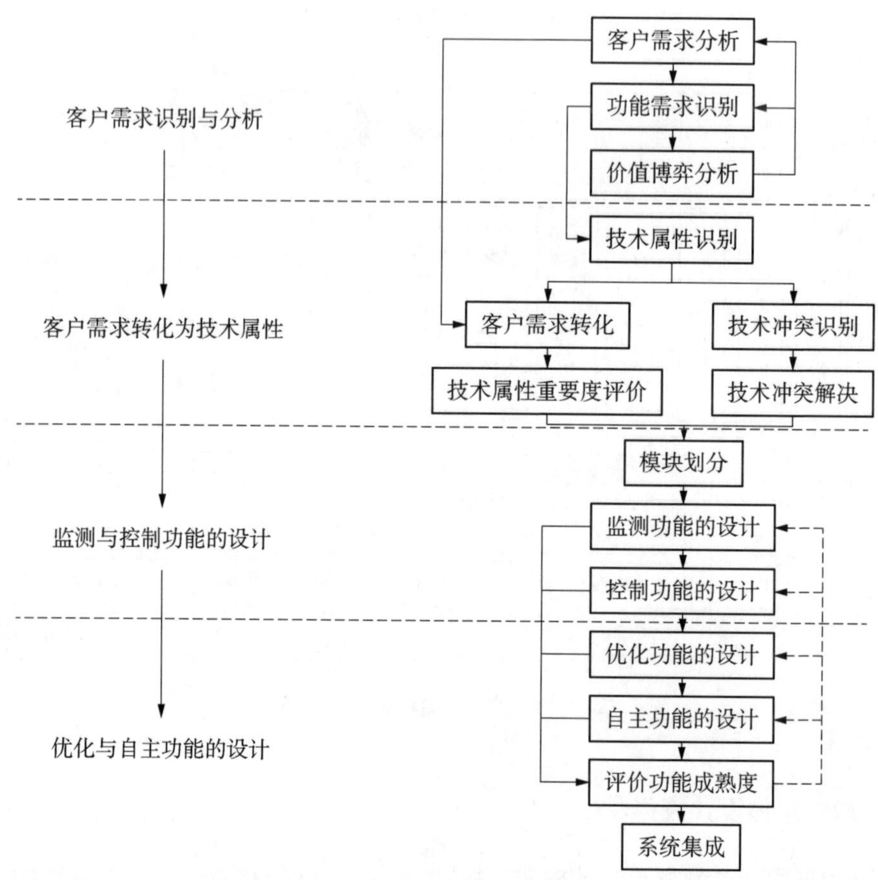

图 2-4 智能产品概念设计流程

能产品的功能需要预测获取价值，利用三角模糊数量化成本与价值，进而确定要价和出价。完全信息博弈使用纳什均衡，不完全信息博弈使用贝叶斯均衡。根据成本与要价的关系及价值与出价的关系，可以最大化利益相关者的利润。最后评价产品成本与客户价值，再次确定客户需求与功能需求。

4）技术属性识别

细分功能需求识别出智能产品的技术属性，采用层次分类法将技术属性逐层分解，在分解过程中合理地选取分解粒度。

5）客户需求向技术属性转化

在模糊 QFD 中建立客户需求与技术属性的映射关系。客户用三角模糊数评价客户需求的重要度，专家用三角模糊数评价客户需求与技术属性

(Customer Requirement-Technical Attribute, CR－TA)的关系，经加权标准化后可以得到加权标准化的 *CR*－*TA* 关系矩阵。

6) 技术属性重要度评价

改进的模糊 TOPSIS 可以评价技术属性的重要度。由于 *CR*－*TA* 关系矩阵不一定是满秩，传统的模糊 TOPSIS 不能处理所有的三角模糊数，因此采用经改进后根据加权标准化的 *CR*－*TA* 关系矩阵对技术属性重要度进行排序。

7) 技术冲突识别

采用直线拟合法来识别技术冲突。专家采用模糊数评价技术属性的属性值，用最小二乘法拟合直线，计算拟合直线的平均斜率。其中平均斜率小于 0 的技术属性有冲突存在，需要解决。

8) 技术冲突解决

改进的 TRIZ 理论可以解决技术冲突。根据智能产品的特点，本书改进传统 TRIZ 理论中的工程参数和发明原理，利用矛盾矩阵检索出改进后的发明原理，解决技术冲突。

9) 模块划分

成对比较算法可以对技术属性进行模块划分。本书通过技术属性之间的三种关系建立技术属性初始图，并在技术属性初始图中成对比较算法聚合技术属性成模块。

10) 监测功能的设计

无线传感器网络可以实现智能产品的监测功能。多个传感器融合树型与层次型拓扑结构可以组成网络，监测产品状态与周围环境。传感节点采集监测数据，经 K-means 算法后提取有效信息并对外传递，处理故障信息，剔除无效信息。

11) 控制功能的设计

模糊控制系统可以实现智能产品的控制功能，为用户提供个性化体验。自整定模糊 PID 控制器是控制功能设计的关键。利用改进的自适应遗传算法可以提前优化模糊控制规则，减少自整定模糊 PID 控制器超调量与整定时间。

12) 优化功能的设计

迭代学习控制算法可以实现智能产品的优化功能。建立智能产品的工作模型并给定期望轨迹，计算实际输出与期望轨迹之间的误差，并反馈给控制信号，经多次迭代学习后直到误差满足要求即结束。此外，该算法在迭代学习过程中还可以诊断故障,反复迭代学习解决故障。

13）自主功能的设计

自适应神经模糊推理系统可以处理来自监测、控制和优化功能的信息,将输出传递给多智能体系统。多个智能体簇进行协调后采用 Q 学习算法可以得到最优策略,然后作用执行器驱动智能产品自主工作。

14）评价功能成熟度

三角模糊数可以评价功能成熟度。每项功能设计初步完成后,需要确定评价标准与评价指标,采用语言变量评价标准重要度及指标在标准下的成熟度,然后将语言变量转化为三角模糊数后,即可以确定功能成熟度。

15）系统集成设计

当功能成熟度评价结束后,集成各个系统形成闭环,即完成智能产品概念设计。智能产品概念设计首先包括无线传感器网络,开环单向流,没有反馈;其次是模糊控制系统,闭环单向流且有反馈;再次是迭代学习控制系统,闭环单向流,有反馈;最后是自适应神经模糊推理系统与多智能体系统,前者处理完信息后传给后者,进行智能决策。

第3章 基于客户价值最大化的需求识别方法与分析

客户需求(customer requirement, CR)是智能产品概念设计的主要输入，只有准确识别客户需求并集成到智能产品概念设计中，才能使设计的智能产品满足客户要求，提高客户的满意度。对于传统产品，客户有使用过的常规亲身经历。在企业对客户进行主动调研的过程中，客户能清楚地表述自身的需求，企业针对这些需求来实现产品个性化定制。然而智能产品的使用处于初步阶段，客户没有很深刻的印象，因此难以总结出对智能产品的需求。这就需要企业运用已经掌握的智能产品技术来主动挖掘客户潜在的需求。

当智能产品的客户需求确定后，还不能直接用于智能产品概念设计，其原因是智能产品是一种新型产品，不能凭经验保证利益相关者的利润最大。因此，在客户需求用于智能产品概念设计前，需要对产品成本与客户价值做预测，一方面确认客户需求，另一方面最大化利益相关者的利润，维持产品交易的良性循环。所以，本章提出了在客户价值最大化的基础上，识别与分析客户对智能产品的需求。首先识别出智能产品的潜在需求，采用 Kano 模型分类后映射到智能产品的功能需求(functional requirement, FR)上。其他利益相关者为了实现功能需求预测产品成本，客户使用功能后需要预测获取价值，经贝叶斯博弈后平衡利益相关者的利润，最后对产品成本和客户价值进行评价，便于分析智能产品的客户需求和功能需求的准确性和合理性，为后续设计做准备。

3.1 智能产品的需求识别与分析总体流程

智能产品的需求识别和分析流程如图 3 - 1 所示。首先，分析智能产品的客户需求。结合智能产品发展现状及客户需求特点，通过主动调研收集客户需求后采用 Kano 模型进行分类。其次，识别智能产品的功能需求。根据公理设计中的客户需求与功能需求映射，确定智能产品的功能需求。最后，在最大化利益相关者利润的基础上再次确认客户需求和功能需求。其他利益相关者为了实现智能产品功能预测产品成本后确定要价，客户享受智能产品功能预测获取价值后确定出价，双方博弈后均衡利润。对产品成本与客户价值进行评价后，确定智能产品的客户需求和功能需求。

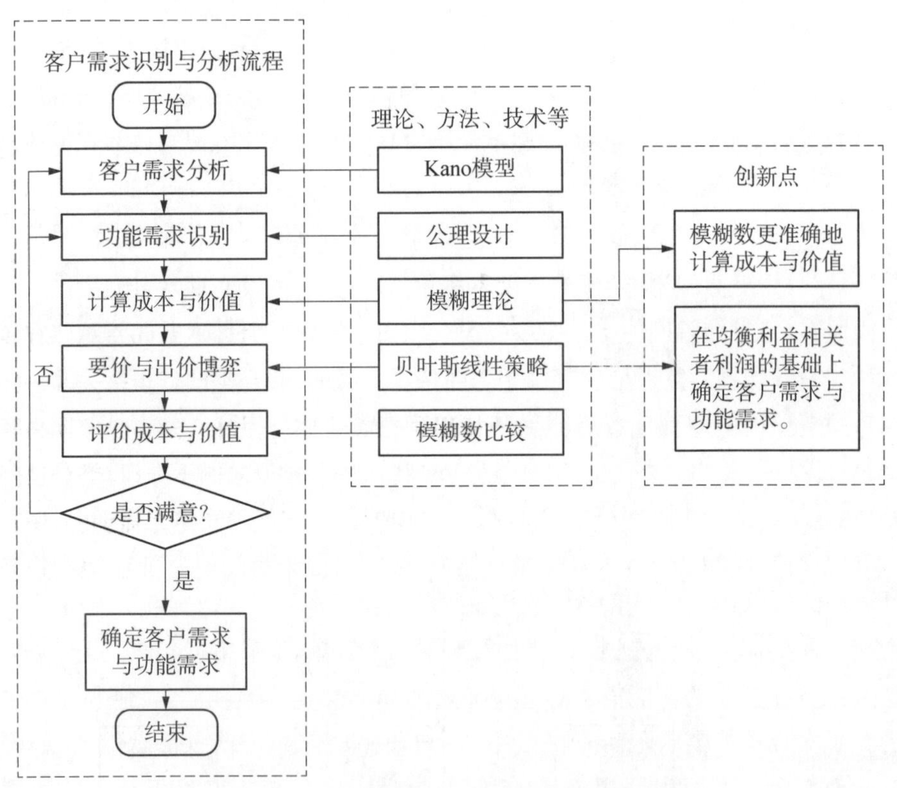

图 3-1　智能产品的客户需求识别与分析流程

3.2　客户需求分析

客户通常喜欢用自己的方式表达对智能产品的需求，这些表达往往具有模糊性、相似性和无序性等特点，需要相关设计者参与并引导和分析。

3.2.1　客户需求特点

针对智能产品，客户需求具有以下几个方面的特点：

（1）主观性和模糊性。当企业主动调研客户需求时，由于对智能产品专业知识缺少了解，客户难以用量化的语言客观地陈述需求，反而主观地使用一些模糊的词语表达，如噪声太大、工作速度过慢、耐用等，这种表述会影响需求分析的准确性。

（2）多样性和动态性。不同客户的经验知识不同，对同一款智能产品的同一个性能参数，他们的侧重点往往不同，因此造成客户需求的多样性。而且技术的发展使得智能产品不断优化，品种越来越多，客户的需求也是在不停变化的。所以研究者要融合多样需求和捕捉最新需求。

（3）个性化和相似性。现今客户更偏好企业带给他们个性化定制的智能产品，在调研过程中，调研者收集的客户需求普遍呈现出个性化特色。然而在这些个性化需求中，针对某些特殊群体，包括类似的工作、差不多的年龄和相同的性别等，会存在相似的需求，企业在生产过程中会整合这些相似的需求。

（4）无序性和零散性。客户站在自己角度随机描述对智能产品需求，他们会想到什么就说什么。此外，每个人只会关注自己在意的部分，然后重点说明，并没有规律可循，这导致收集的客户需求零散无序，需要设计者进行系统性的分析。

3.2.2　客户需求分类

上述客户需求特点表明，收集的客户需求不能直接用于智能产品概念设计，需要进行整理分类，提取有价值的信息。其中，最常用的分类方法是 Kano 模型分类法，定性地将客户需求分为三类：基本型需求（must-be）、期望型需求（one-dimensional）和兴奋型需求（attractive），如图 3－3 所示。从图 3－2 可知，客户需求类别越低，产品越容易满足，但客户对

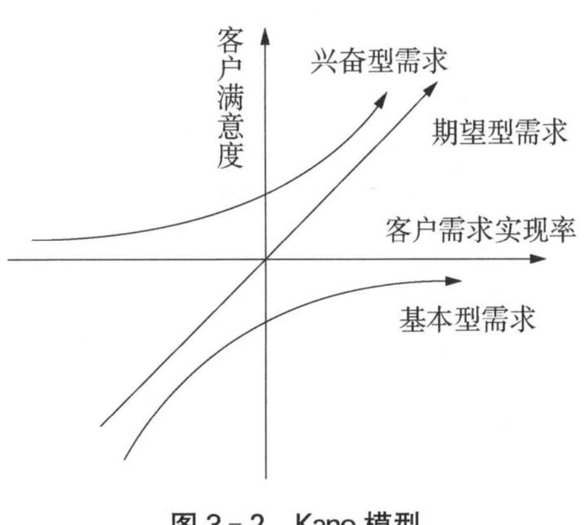

图 3－2　Kano 模型

产品的满意度越低；客户需求类别越高，产品越不容易满足，但客户对产品越满意。

然而，面对复杂的客户需求时，单纯依靠 Kano 模型不能从中有效地提取全部有价值的信息，因此可以将 Kano 模型与其他方法集成来分析客户需求。而且有些研究会把模糊理论应用到 Kano 模型中，形成模糊 Kano 模型，其比传统 Kano 模型功能更强大，甚至有学者将其他方法融入模糊 Kano 模型中处理客户需求。此外，Kano 模型的应用已经从产品领域扩展到服务领域。

为了建立智能产品的客户需求与客户满意度之间的关系，智能产品的客户需求分类如下：

基本型客户需求是客户对智能产品的基本要求，智能产品必须满足这些需求，否则客户会相当不满意。当然，如果基本型客户需求被满足，客户充其量会满意，但不会表现出更多的好感，因为在他们看来基本型客户需求被满足是理所当然的。

期望型客户需求表明客户满意度与需求实现率成正比，期望型客户需求实现得越多，客户会越满意。与基本型客户需求相比，智能产品不必满足所有的期望型客户需求。通常客户会比较关注这类需求，但往往也是投诉最多的一类需求。

兴奋型客户需求往往超出客户的意料。此类需求一旦被满足，客户会非常满意；反之，这类需求即便没满足，客户也不会表现出明显的不满意。兴奋型客户需求可以培养客户忠诚度和提高产品竞争力。

根据智能产品的客户需求特点和现有技术，可以采用问卷调查、访谈、观察等方法主动挖掘和收集客户需求。参考 Kano 模型的分类原则，将智能产品的客户需求进行分类，见表 3-1。

表 3-1 智能产品的客户需求分类

客户需求类别	主要内容
基本型需求	CR_{11}：监测产品工作和外部环境
	CR_{12}：故障报警
期望型需求	CR_{21}：异地操作(用手机、遥控器、电脑等)
	CR_{22}：客户配置产品
	CR_{23}：提高产品工作性能
	CR_{24}：诊断故障与维修

（续表）

客户需求类别	主要内容
兴奋型需求	CR_{31}：只需给出工作信号，产品自主运行
	CR_{32}：当外界有输入信号，自主协调
	CR_{33}：自动优化产品工作性能
	CR_{34}：故障自诊断和自服务

智能产品的客户需求初步确定后，需要将其转化成智能产品的功能需求，这便于后续客户需求的进一步确认。

3.3　面向客户需求的功能需求识别

为了满足客户需求，智能产品的功能需求被识别。在公理设计中，Suh 把设计流程划分为四个域，包括客户域、功能域、物理域和过程域，对应的元素为客户需求、功能需求、设计参数和过程变量，如图 3-3 所示。从图 3-3 可知，产品设计是四个域之间的逐层分解和反复迭代过程，呈“Z”字形映射(zigzagging mapping)。其中，客户域到功能域的映射是公理设计的第一个阶段，即客户需求映射到功能需求。

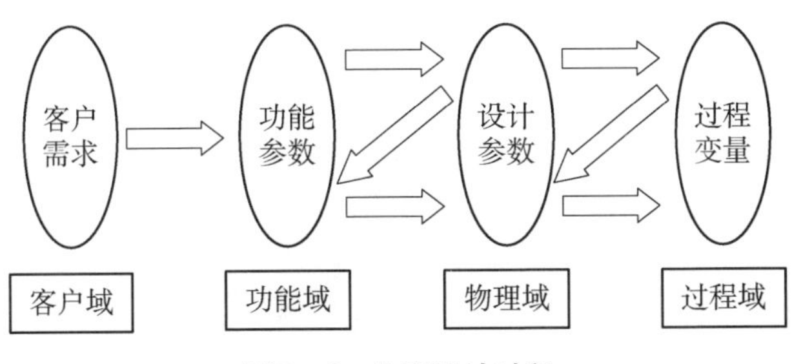

图 3-3　公理设计过程

3.3.1　功能需求特点

根据智能产品发展现状，其功能需求特点总结如下：

(1) 功能需求的识别暂不考虑后续设计如何去实现，目的是产生更多的智能产品概念设计方案。

(2) 功能需求项之间是独立的，每项包含的信息量最小。

(3) 功能的优化包括参数的增大或减小,以及新功能的增加。

(4) 功能需求是逐层实现的。只有先实现低层的功能,然后才能实现高层的功能。

(5) 高层功能的实现可能会用到底层的一些理论、方法、技术等,也可能会采用新的理论、方法、技术等。

(6) 随着科学技术的进步,高层功能可能会降到低层,而高层又有新功能出现。

3.3.2 功能需求分类

为了更好地满足客户需求,智能产品的功能需求也被分成三类:

基本型功能需求满足基本型客户需求。在智能产品概念设计过程中,基本型功能需求必须被实现,否则智能产品变成传统产品,客户不会花更多的时间和资金购买这类产品,最终造成产品设计失败。

期望型功能需求满足第二类客户需求,这类需求的实现率与智能产品的智能化程度成正比。期望型功能实现得越多,智能产品的智能化水平越高,客户越会偏向于这类智能产品。

兴奋型功能需求位于智能产品需求的最高级别,满足兴奋型客户需求。为了实现此类功能,新的技术和方法通常被采用。尽管兴奋型功能不要求马上实现,但是智能产品发展方向,也是终极奋斗目标。

通过阅读大量智能产品文献及与众多企业的交流,智能产品的功能需求总结见表 3-2。

表 3-2 智能产品的功能需求分类

功能需求类别		主要内容
基本型需求	监测功能	FR_{11}:通过监测产品和感知环境,实现基本功能
		FR_{12}:对外发送故障信号或停止工作
期望型需求	控制功能	FR_{21}:控制理论支持远程控制
		FR_{22}:打造个性化用户体验
	优化功能	FR_{23}:通过算法提升产品性能
		FR_{24}:利用数据进行故障诊断和服务

（续表）

功能需求类别		主 要 内 容
兴奋型需求	自主功能	FR_{31}：自主操作
		FR_{32}：与其他产品或系统协调配合
		FR_{33}：运用软硬件升级、优化算法等方法强化产品性能
		FR_{34}：企业自动诊断故障并主动提供服务

3.3.3　客户需求与功能需求的映射关系

客户需求与功能需求的数学表达式如下：$CR_{ij}=\{CR_{11}, CR_{12}; CR_{21}, CR_{22}, CR_{23}, CR_{24}; CR_{31}, CR_{32}, CR_{33}, CR_{34}\}$，$FR_{ij}=\{FR_{11}, FR_{12}; FR_{21}, FR_{22}, FR_{23}, FR_{24}; FR_{31}, FR_{32}, FR_{33}, FR_{34}\}$。其中，$CR_{ij}$、$FR_{ij}$ 分别代表第 i 类中的第 j 个客户需求或功能需求，$i=1$、2、3 分别表示基本型需求、期望型需求和兴奋型需求，而且 $\forall CR_{ij}, CR_{mn}, \exists CR_{ij} \cap CR_{mn}=\emptyset (i \neq m$ 和 $j \neq n)$ 及 $\forall FR_{ij}, FR_{mn}, \exists FR_{ij} \cap FR_{mn}=\emptyset (i \neq m$ 和 $j \neq n)$。

公理设计中客户需求与功能需求之间是一一对应的关系（图 3-4），并且

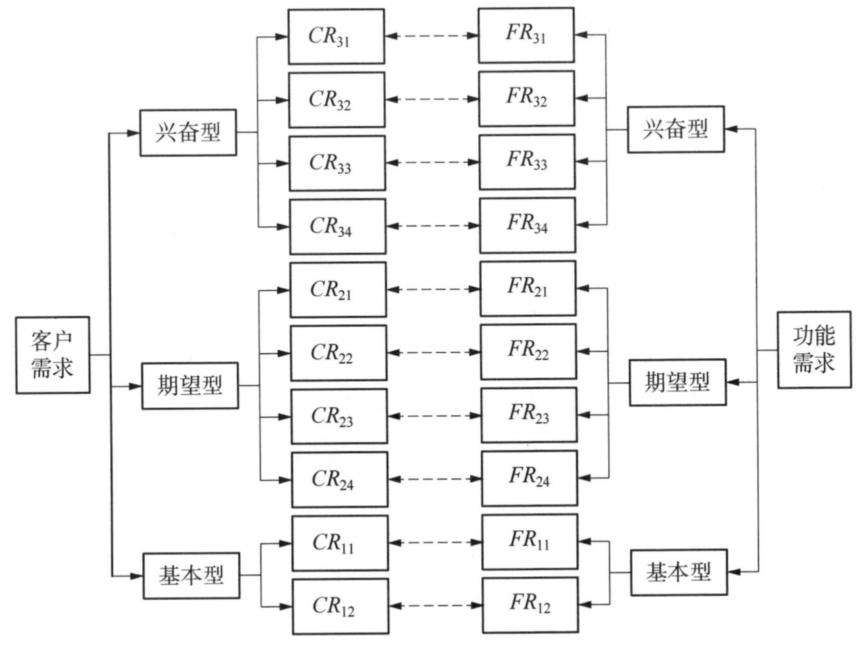

图 3-4　客户需求与功能需求的映射关系

FR_{ij} 只满足 CR_{ij}，映射关系 R_{ij} 表示为 $CR_{ij} \leftrightarrow FR_{ij}$。随着智能产品技术的发展，高级的客户需求可能会被降级，对应的功能需求也是如此。

3.4　价值博弈分析

当智能产品的客户需求与功能需求确定后，需要根据功能需求预测产品成本（包括设计、制造、服务等阶段）及客户价值，通过其他利益相关者要价与客户出价博弈来最大化利益相关者利润，经评价产品成本与客户价值后，再次确认智能产品的客户需求与功能需求。

3.4.1　产品成本与客户价值识别

产品成本是指本领域专家根据知识、经验、实践等预测智能产品在设计、制造及服务等阶段消耗的成本，而客户价值是指关键客户预测在使用智能产品过程中获取的各类价值。针对智能产品的功能需求，其他利益相关者为了实现这些功能要预测产品成本，客户享受这些功能要预测客户价值。产品成本与客户价值识别过程如下：

第一步，用语言变量评价产品成本重要度、实际消耗成本及客户价值重要度、实际获取价值。

其他利益相关者用语言变量评价产品成本的重要度与实际消耗成本，客户也用语言变量评价客户价值的重要度与实际获取价值。产品成本或客户价值重要度的语言变量为：较低（very low, VL）、低（low, L）、一般（moderate, M）、高（high, H）和较高（very high, VH）。实际消耗成本或实际获取价值的语言变量为：较低（very low, VL）、低（low, L）、一般（moderate, M）、高（high, H）和较高（very high, VH）。

第二步，将语言变量转化成对称三角模糊数。

将产品成本重要度、实际消耗成本及客户价值重要度、实际获取价值的评价语言变量转化成对称三角模糊数（symmetrical triangular fuzzy number, STFN），表达式为

$$\omega_i^k = [\omega_i^{kL},\ \omega_i^{kU}] \tag{3-1}$$

$$f_i^k = [f_i^{kL},\ f_i^{kU}] \tag{3-2}$$

式中 ω_i^k ——第 k 个参与者(其他利益相关者或客户)评价第 i 个评价项(产品成本或客户价值)的重要度;

f_i^k ——第 k 个参与者评价第 i 个评价项(实际消耗成本或实际获取价值);

ω_i^{kL} 和 f_i^{kL}、ω_i^{kU} 和 f_i^{kU} ——分别为对称三角模糊数的下限和上限。

第三步,计算平均的产品成本重要度、实际消耗成本及客户价值重要度、实际获取价值。

平均的产品成本重要度、实际消耗成本及客户价值重要度、实际获取价值计算公式如下:

$$\omega_i'^L = \sum_{k=1}^{n} \omega_i^{kL}/n, \ \omega_i'^U = \sum_{k=1}^{n} \omega_i^{kU}/n \tag{3-3}$$

$$f_i'^L = \sum_{k=1}^{n} f_i^{kL}/n, \ f_i'^U = \sum_{k=1}^{n} f_i^{kU}/n \tag{3-4}$$

式中 n——参与者的数量。

第四步,标准化产品成本重要度、实际消耗成本及客户价值重要度、实际获取价值。

为了控制产品成本重要度、实际消耗成本及客户价值重要度、实际获取价值在[0, 1]中,需要按下式标准化产品成本重要度、实际消耗成本及客户价值重要度、实际获取价值。

$$\omega_i^L = \frac{\omega_i'^L}{\max_{i=1}^m\{\max[\omega_i'^L, \omega_i'^U]\}}, \ \omega_i^U = \frac{\omega_i'^U}{\max_{i=1}^m\{\max[\omega_i'^L, \omega_i'^U]\}} \tag{3-5}$$

$$f_i^L = \frac{f_i'^L}{\max_{i=1}^m\{\max[f_i'^L, f_i'^U]\}}, \ f_i^U = \frac{f_i'^U}{\max_{i=1}^m\{\max[f_i'^L, f_i'^U]\}} \tag{3-6}$$

式中 m——产品成本或客户价值的数量。

第五步,计算产品成本或客户价值。

产品成本或客户价值的计算公式为

$$g_i^L = \omega_i^L \times f_i^L, \ g_i^U = \omega_i^U \times f_i^U \tag{3-7}$$

第六步,计算产品总成本与客户总价值。

三角模糊数转化为精确数:

$$g_i = \frac{g_i^L + g_i^U}{2} \tag{3-8}$$

根据式(3-8)，计算产品总成本与客户总价值。

$$c = \sum_{i=1}^{m} c_i \tag{3-9}$$

$$\upsilon = \sum_{i=1}^{m} \upsilon_i \tag{3-10}$$

式中　$c \in [0, 1]$——其他利益相关者预测产品总成本；

$\upsilon \in [0, 1]$——客户预测客户总价值。

3.4.2　其他利益相关者要价与客户出价的博弈

其他利益相关者预测产品总成本及客户预测客户总价值后，他们根据产品总成本和客户总价值分别判断智能产品的要价 p_c 和出价 p_υ，进而决定交易价格 p。为了最大化利益相关者的利润，博弈论方法被采用。

1) 完全信息博弈(games of complete information)

纳什均衡是博弈论中一种解的概念，它是指满足下面性质的策略组合：任何一位玩家在此策略组合下单方面改变自己的策略(其他玩家策略不变)都不会提高自身的收益。在市场信息完全的情况下，各利益相关者有共同知识纳什均衡被采纳。当其他利益相关者知道客户出价及客户知道其他利益相关者要价后，交易过程如下：

当 $p_c > p_\upsilon$，智能产品交易终止，各利益相关者的利润为 0。

当 $p_c \leqslant p_\upsilon$，智能产品的交易价格为

$$p = \frac{p_c + p_\upsilon}{2} \tag{3-11}$$

其他利益相关者的利润为

$$\pi_c = p - c = \frac{p_c + p_\upsilon}{2} - c \tag{3-12}$$

客户利润为

$$\pi_\upsilon = \upsilon - p = \upsilon - \frac{p_c + p_\upsilon}{2} \tag{3-13}$$

在市场信息完全的情况下还存在两种均衡：连续的纯策略有效均衡和无效均衡。

连续的纯策略、帕累托有效均衡：假如客户价值高于产品成本（$\upsilon > c$），客户与其他利益相关者以相同的价格交易（$p_{\upsilon}=p_{c}=p$），各利益相关者都能得到利润。如果有一方想获得更多的利润，即其他利益相关者要价高于 p 或客户出价低于 p，则智能产品交易终止。

无效率的均衡：其他利益相关者要价高于 υ，客户出价低于 c，其他利益相关者和客户不会认真开价。

2）不完全信息博弈（games of incomplete information）

在市场信息不完全的情况中，如其他利益相关者只知道 c 和 p_{c} 而不知道 υ 和 p_{υ}，客户只知道 υ 和 p_{υ}，而不知道 c 和 p_{c}，此时贝叶斯均衡被采用。

当 $p_{c} > p_{\upsilon}$，智能产品交易结束。

当 $p_{c} \leqslant p_{\upsilon}$，智能产品的交易价格为

$$p = kp_{\upsilon} + (1-k)p_{c} \quad (0 \leqslant k \leqslant 1) \tag{3-14}$$

在式（3-14）中，如果 $k=0$，其他利益相关者主导智能产品交易价格，客户只能被动地接受或拒绝；如果 $k=1$，客户主导智能产品交易价格，其他利益相关者被动接受或拒绝；如果 $k=1/2$，其他利益相关者和客户有相同的权力确定智能产品交易价格。

在智能产品交易过程中，其他利益相关者获得利润为（$p-c$），客户获得利润为（$\upsilon-p$），经贝叶斯均衡后其他利益相关者和客户的期望利润为

$$\pi_{c}(p_{c},\ c) = \begin{cases} \int_{p_{c}}^{p_{\upsilon}} (p-c) g_{c}(p_{\upsilon}) \mathrm{d}p_{\upsilon} & (p_{c} \leqslant p_{\upsilon}) \\ 0 & (p_{c} > p_{\upsilon}) \end{cases} \tag{3-15}$$

$$\pi_{\upsilon}(p_{\upsilon},\ \upsilon) = \begin{cases} \int_{p_{c}}^{p_{\upsilon}} (\upsilon-p) g_{\upsilon}(p_{c}) \mathrm{d}p_{c} & (p_{c} \leqslant p_{\upsilon}) \\ 0 & (p_{c} > p_{\upsilon}) \end{cases} \tag{3-16}$$

式中　$g_{c}(p_{\upsilon})$ ——客户出价的密度函数；

$g_{\upsilon}(p_{c})$ ——其他利益相关者要价的密度函数。

将式(3－14)代入式(3－15)、式(3－16)中，得

$$\pi_c(p_c, c)=\int_{p_c}^{p_v}[kp_v+(1-k)p_c-c]g_c(p_v)\mathrm{d}p_v \tag{3-17}$$

$$\pi_v(p_v, v)=\int_{p_c}^{p_v}[v-kp_v-(1-k)p_c]g_v(p_c)\mathrm{d}p_c \tag{3-18}$$

分别对式(3－17)和式(3－18)求一阶偏导并令结果等于0。

$$\frac{\partial\pi_c(p_c, c)}{\partial p_c}=(c-p_c)g_c(p_c)+(1-k)[1-G_c(p_c)]=0 \tag{3-19}$$

$$\frac{\partial\pi_v(p_v, v)}{\partial p_v}=(v-p_v)g_v(p_v)-kG_v(p_v)=0 \tag{3-20}$$

式中　$G_c(p_c)$——其他利益相关者要价的累计分布函数；

$G_v(p_v)$——客户出价的累积分布函数。

根据式(3－19)和式(3－20)，计算出其他利益相关者最优要价与客户最优出价为

$$p_c^*=c-\frac{(1-k)[G_c(p_c)-1]}{g_c(p_c)} \tag{3-21}$$

$$p_v^*=v-\frac{kG_v(p_v)}{g_v(p_v)} \tag{3-22}$$

将式(3－21)和式(3－22)代入式(3－14)中，确定智能产品的最优交易价格(通常 $k=1/2$)。根据式(3－9)和式(3－10)计算出总成本与总价值，进而确定其他利益相关者和客户的最大利润。

3.4.3　产品成本与客户价值评价

通过博弈分析，可以最大化利益相关者的利润，其他利益相关者根据所得利润对产品成本进行评价。针对产品成本比较多的功能，在后续设计中可以采取措施降低产品成本；产品成本比较少的功能，在后续设计中可以提高功能的智能化水平，从而提高智能产品的智能化程度。对于某项功能的产品成本，如果其他利益相关者不满意，可以调整对应的功能需求和客户需求，直到其满意为止。

同理，客户根据所得的利润来评价客户价值。重要的客户价值对应的功能在智能产品后续设计中要重点研究，一般的客户价值对应的功能在后续设计中需要降低成本。针对某项功能的客户价值，如果客户不满意，需要调整对应的功能需求和客户需求，直到其满意。

产品成本与客户价值评价结束后，智能产品的客户需求和功能需求再次得到确认，可以用于后续的智能产品设计。

第4章 客户需求向技术属性转化

为了设计出面向客户的智能产品，客户需求与技术属性需要被集成到概念设计中，实现客户需求向技术属性转化，使设计的智能产品可以提高客户满意度。因此，本章提出了智能产品的客户需求向技术属性转化的方法。根据智能产品的功能需求与技术属性的关系，采用层次分类法(affinity diagram)对技术属性进行系统分类，形成技术属性展开表。对客户需求采用模糊算法进行技术属性的映射，此过程中技术属性存在的冲突需进一步解决。在客户需求向设计转化的过程中，利用模糊方法评价客户需求重要度和 $CR-TA$ 之间的关系，然后确定技术属性重要度的排序，用于智能产品后续设计。考虑到技术属性之间存在的冲突对后续智能产品参数设计有消极影响，应先识别出技术属性之间的冲突，将技术冲突转化为改进的 TRIZ 理论可识别的矛盾，然后使用改进的 TRIZ 理论解决冲突，得到无冲突的技术属性。

4.1 客户需求向技术属性转化的总体流程

智能产品的客户需求向技术属性转化的流程如图 4-1 所示。首先，识别出技术属性。根据功能需求采用层次分类法来识别技术属性，然后分两个部分实现客户需求向技术属性转化。第一个部分是关于技术属性重要度评价的，分两个阶段完成。

第一个阶段，在模糊 QFD 中将客户需求转化为技术属性，具体步骤如下：

第一步：邀请多位关键客户用语言变量评价客户需求的重要度，以及多位领域专家评价 $CR-TA$ 的关系。

第二步：将评价的语言变量转变成对称三角模糊数。

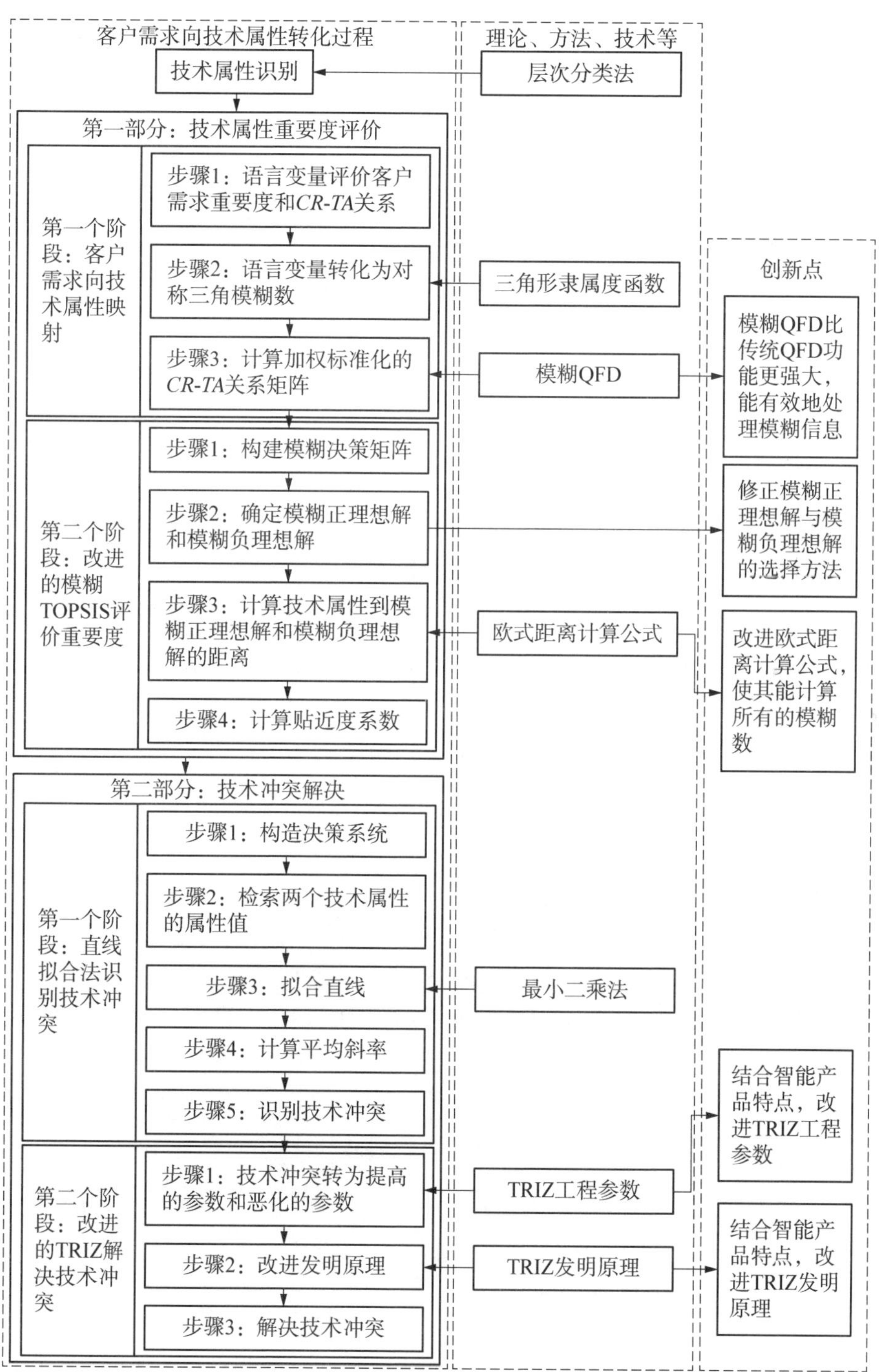

图 4-1　客户需求向技术属性转化流程

第三步：计算客户需求重要度和 $CR-TA$ 关系的算术平均数，对其标准后进行加权计算，得到模糊的加权标准化的 $CR-TA$ 关系矩阵。

第二个阶段采用改进的模糊 TOPSIS 评价技术属性重要度，具体步骤如下：

第一步：构建模糊的决策矩阵。将模糊的加权标准化的 $CR-TA$ 关系矩阵进行转置得到模糊的决策矩阵。

第二步：从模糊决策矩阵中选择模糊正理想解和模糊负理想解。

第三步：根据改进的公式计算每一项技术属性到模糊正理想解和模糊负理想解的距离。

第四步：计算每一项技术属性的贴近度系数。贴近度系数排序代表技术属性重要度的排序。

第二个部分是关于技术冲突解决的，也是分两个阶段完成。第一个阶段利用直线拟合法识别出技术冲突，具体步骤如下：

第一步：所有的技术属性构成一个集合，以其中一项技术属性作为决策属性，剩余的组成条件属性。不同的条件属性对决策属性的影响构造成决策系统。

第二步：在其他技术属性的属性值相同的情况下，检索决策属性与条件属性中任意的一项技术属性的属性值，然后组成对比表。

第三步：在对比表中，决策属性的属性值作为拟合直线的 y 值，另一项属性值作为拟合直线的 x 值，进行直线拟合。

第四步：重复第二、三步，拟合所有的直线，然后计算拟合直线的平均斜率。平均斜率小于 0 的两项技术属性存在冲突。

第二个阶段采用改进的 TRIZ 理论解决技术属性冲突，具体步骤如下：

第一步：将技术属性冲突转化为改进的 TRIZ 理论可识别的提高的参数和恶化的参数。

第二步：在矛盾矩阵中，根据改善的参数和识别的参数检索出改进的发明原理。结合现有的设计、制造和服务等内容修改发明原理。

第三步：利用改进的发明原理解决技术冲突，得到无冲突的技术属性。

4.2 智能产品的技术属性识别

技术属性连接功能需求和设计参数，是后续智能产品模块划分的重要输入，因此需要通过功能需求将其识别。

4.2.1　技术属性识别特点

在识别过程中，对技术属性有如下要求：

(1) 技术属性的识别仅仅为了满足功能需求，不考虑在现有条件下能否实现。为了产生更多的智能产品概念设计方案，技术属性不应该从已有产品设计经验中总结，而是从满足智能产品的功能需求角度进行识别。

(2) 识别的技术属性之间是相互独立的，每一项技术属性都包含最小的信息量。

(3) 对于识别的技术属性，应尽可能通过设计参数进行量化。在公理设计中，可以借用设计参数量化功能需求。然而，智能产品的功能需求比较简单，假如直接用设计参数量化，其计算过程复杂，甚至会出现设计参数不能量化的情况。如果先用技术属性细化功能需求，然后选用设计参数量化技术属性，不但可以简化量化过程，还能减少计算量，有利于智能产品参数设计。

(4) 在已经识别的技术属性中，已经识别的技术属性中是否存在明显的设计缺陷或潜在的设计缺陷。假如存在，应采取措施解决设计缺陷或识别出新的技术属性替代有缺陷的。

4.2.2　技术属性关系分析

识别的多项技术属性组成了技术属性集。由于技术属性是针对功能需求识别的，因此技术属性集中可能存在冗余的技术属性，需要对其处理，形成最简洁的技术属性集。技术属性之间存在两类关系：包含性和相关性。

假设有 n 项技术属性被识别，并组成技术属性集 $TA=\{TA_1, TA_2, \cdots, TA_n\}$，其中 TA_i 和 $TA_j(i\neq j)$ 是任意两项技术属性，它们在内容上可能存在三种关系：

(1) 包含关系：如果 TA_j 中所有的内容在 TA_i 中都存在，而 TA_i 中除此之外还有其他内容，则 TA_i 包含 TA_j，记为 $TA_j \subset TA_i$。

(2) 交叉关系：如果 TA_i 与 TA_j 有部分相同的内容，则 TA_i 与 TA_j 是交叉关系，记为 $TA_i \cap TA_j \neq \emptyset$。

(3) 独立关系：如果 TA_i 与 TA_j 不存在相同的内容，则 TA_i 与 TA_j 是独立关系，记为 $TA_i \cap TA_j = \emptyset$。

TA_i 与 TA_j 在相关性上可能存在四种关系：

(1) 正相关关系：当提高 TA_i 时，TA_j 会被提高；当恶化 TA_i 时，TA_j 也会被恶化，这种情况下，则称 TA_i 与 TA_j 为正相关关系。

(2) 不相关关系：当提高或恶化 TA_i 时，TA_j 没有受到任何影响，这种情况下，则称 TA_i 与 TA_j 为不相关关系。

(3) 负相关关系：当提高 TA_i 时，TA_j 会被恶化；当恶化 TA_i 时，TA_j 会被提高，这种情况下，则称 TA_i 与 TA_j 为负相关关系。

(4) 互斥关系：当不能同时提高或恶化 TA_i 与 TA_j 时，这种情况下，则称 TA_i 与 TA_j 为排斥关系。

同理，为了简化相关的技术属性，正相关的技术属性要合理利用，负相关的技术属性需要解决，互斥的技术属性要根据功能需求和客户需求进行适当取舍。

4.2.3 构建技术属性层次结构

当完成技术属性集简化后，以功能需求为节点，将技术属性逐级分解，形成具有继承性的技术属性结构树。层次分类法是将未知的问题收集后，利用内在的关联关系进行归类合并，以便从复杂的现象中整理出思路，抓住问题的实质，解决问题的方法。利用层次分类法可以对无规则的技术属性按相似性进行归纳与分类，形成不同的子类，可以清晰地表达技术属性的层次关系(图 4-2)。其中，功能需求项 FR_2 与功能需求项 FR_n 对应的技术属性项 FR_2 存在交叉关系，其融合后形成新的技术属性 FR_2，然后分解为基本技术属性项 FR_{21}、FR_{22}、

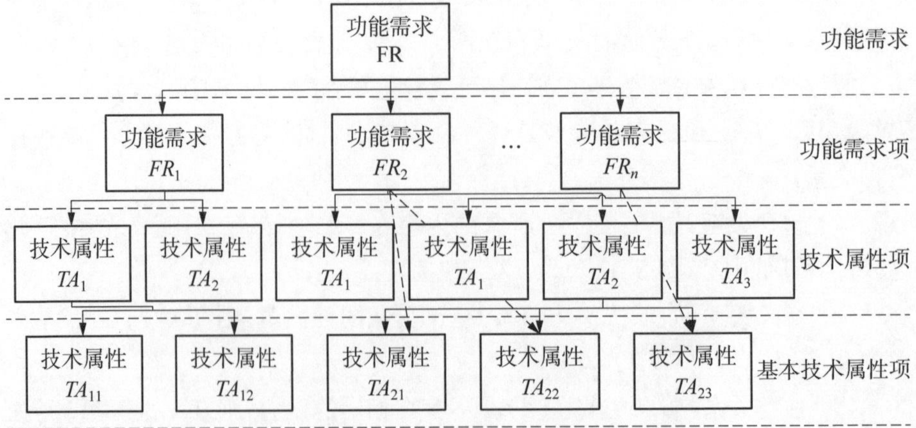

图 4-2 技术属性识别模型

FR_{23}，前两项满足功能需求项 FR_2，最后一项满足功能需求项 FR_n。此外，一些技术属性项还可以继续分解成基本技术属性项。

在技术属性识别过程中，分解粒度要合理选取。如果分解粒度过大，设计参数难以表达技术属性，影响后续设计；如果分解粒度过小，尽管能详细描述功能需求，但基本技术属性项会增多，同时增加后续设计任务。

4.3 技术属性重要度评价

当技术属性识别后，可以在模糊 QFD 中建立客户需求与技术属性之间的映射关系，完成客户需求向技术属性的转化，并评价技术属性重要度。

4.3.1 客户需求向技术属性映射

自从 Akao 提出 QFD 后，QFD 即被广泛应用于产品研发中。为了提高 QFD 使用效果，一些方法（如 Kano 模型）被集成到 QFD 中。然而后续研究发现传统 QFD 不能很好地处理模糊信息，将模糊理论融入传统 QFD 中，模糊 QFD 就出现了。模糊 QFD 可以有效地将客户需求映射到产品研发中，设计出面向客户的产品。

在模糊 QFD 中，客户需求向技术属性转化过程如下：

第一步，用语言变量评价客户需求重要度和 $CR-TA$ 关系。

客户用语言变量评价客户需求重要度，客户需求重要度分为五个档次，包括较低（VL）、低（L）、一般（M）、高（H）和较高（VH）。同理，专家用语言变量评价 $CR-TA$ 关系，客户需求与技术属性之间的关系有五种类型，依次为较弱（very weak, VW）、弱（weak, W）、一般（moderate, M）、强（strong, S）和较强（very strong, VS）。

第二步，将语言变量转化为对称三角模糊数。

将客户需求重要度和 $CR-TA$ 关系的语言变量转成对称三角模糊数：

$$\omega_i^k=[\omega_i^{kL},\ \omega_i^{kU}] \tag{4-1}$$

$$r_{ij}^s=[r_{ij}^{sL},\ r_{ij}^{sU}] \tag{4-2}$$

其中，ω_i^k 代表第 k 个客户评价第 i 项客户需求的重要度；r_{ij}^s 为第 s 个专家评价第 i 项客户需求与第 j 项技术属性之间的关系。

第三步，计算加权标准化的 $CR-TA$ 关系矩阵。

当确定对称三角模糊数代表客户需求重要度和 $CR-TA$ 关系的模糊评价后，再对单个的对称三角模糊数进行集成。

$$\omega_i'^L=\sum_{k=1}^{M}\omega_i^{kL}/M,\ \omega_i'^U=\sum_{k=1}^{M}\omega_i^{kU}/M \tag{4-3}$$

$$r_{ij}'^L=\sum_{s=1}^{N}r_{ij}^{sL}/N,\ r_{ij}'^U=\sum_{s=1}^{N}r_{ij}^{sU}/N \tag{4-4}$$

式中 M——客户的数量；

N——专家的数量。

为了使客户需求重要度和 $CR-TA$ 关系在[0, 1]范围，需要对其进行标准化。

$$\omega_i^L=\frac{\omega_i'^L}{\max_{i=1}^{m}\{\max[\omega_i'^L,\ \omega_i'^U]\}},\ \omega_i^U=\frac{\omega_i'^U}{\max_{i=1}^{m}\{\max[\omega_i'^L,\ \omega_i'^U]\}} \tag{4-5}$$

$$r_{ij}^L=\frac{r_{ij}'^L}{\max_{j=1}^{n}\{\max[r_{ij}'^L,\ r_{ij}'^U]\}},\ r_{ij}^U=\frac{r_{ij}'^U}{\max_{j=1}^{n}\{\max[r_{ij}'^L,\ r_{ij}'^U]\}} \tag{4-6}$$

根据式(4-5)和式(4-6)，计算加权的 $CR-TA$ 关系。

$$t_{ij}^L=\omega_i^L\times r_{ij}^L,\ t_{ij}^U=\omega_i^U\times r_{ij}^U(i=1,\ 2,\ \cdots,\ m;\ j=1,\ 2,\ \cdots,\ n) \tag{4-7}$$

式中 m——客户需求的数量；

n——技术属性的数量。

因此，得到加权标准的 $CR-TA$ 关系矩阵，可以作为评价技术属性重要度的关键输入。

4.3.2 基于改进的模糊 TOPSIS 的技术属性重要度评价

针对技术属性重要度，可以采用多准则决策的方法进行评价。其中，TOPSIS (technique for order preference by similarity to an ideal solution)法是一种常用的多准则决策方法，判断评价对象与理想目标的接近程度来排序。评价对象与最优目标的距离越近，并且与最劣目标的距离越远，这样的对象就越重要。

1) 定义两区间数形式的距离计算公式

任意两个实数 a 和 b 之间的距离 $d(a,\ b)$满足以下三个条件：

(1) $d(a,\ b)\geqslant 0$，且 $d(a,\ b)=0$ 当且仅当 $a=b$。

(2) $d(a, b)=d(b, a)$；

(3) $d(a, b)\leqslant d(a, c)+d(c, b)$。

其中，$\forall a, b, c\in R(R\neq\emptyset)$。

定义4.1:欧式距离计算公式

两区间数形式的欧式距离计算公式为

$$d^2(a, b)=(a^L-b^L)^2+(a^U-b^U)^2 \tag{4-8}$$

其中，$a=[a^L, a^U]$，$b=[b^L, b^U]$。

当a与b相等时：

$$a=b\Leftrightarrow a^L=b^L\text{ 及 }a^U=b^U \tag{4-9}$$

然而，欧式距离计算式(4-8)不适合计算所有的区间数形式的距离。例如，三个具有区间数形式的数$a=[0, 0]$、$b=[-1, 2]$和$c=[1, 2]$。根据式(4-8)得到a与b、c之间的距离为$d(a, b)=d(a, c)=\sqrt{5}$。实际上b包含a，而c不包含a，它们的距离关系应该是$d(a, b)<d(a, c)$，所以欧式距离计算公式需要改进。针对具有区间数形式的数，Tran和Duckstein提出了一种新的计算方法。

定义4.2:Tran和Duckstein的距离计算公式

Tran和Duckstein考虑到两区间形式的数的每一个点的差值，定义距离计算公式为

$$\begin{aligned}d^2(a, b)&=\int_{-\frac{1}{2}}^{\frac{1}{2}}\int_{-\frac{1}{2}}^{\frac{1}{2}}\left\{\left[\frac{a^L+a^U}{2}+\alpha(a^U-a^L)\right]-\left[\frac{b^L+b^U}{2}+\beta(b^U-b^L)\right]\right\}^2\mathrm{d}\alpha\,\mathrm{d}\beta\\&=\left(\frac{a^L+a^U}{2}-\frac{b^L+b^U}{2}\right)^2+\frac{1}{3}\left[\left(\frac{a^U-a^L}{2}\right)^2+\left(\frac{b^U-b^L}{2}\right)^2\right]\end{aligned} \tag{4-10}$$

根据式(4-10)，距离$d(a, b)=1<d(a, c)=\sqrt{7/3}$。显然，结果是正确的。而且还得出式(4-10)满足条件$d(a, b)\geqslant 0$、如果$d(a, b)=0$得$a=b$及条件②。然而，式(4-10)不满足条件$d(a, b)=0$当且仅当$a=b$。例如，两个区间数形式$a=[-1, 2]$和$b=[-1, 2]$，经式(4-10)计算距离为$d(a, b)=\sqrt{3/2}\neq 0$。究其原因是因为式(4-10)将两区间中所有点两两做差，然后积分，相当于在距离上再加一个冗余的正数，从而导致即使两区间数形式的数相等，其距离也不会为0，所以新的距离计算方法需要克服冗余的正数。

定义 4.3:本书提出的距离计算公式

本书定义的距离计算公式为

$$d^2(a, b)=\int_{-\frac{1}{2}}^{\frac{1}{2}}\left\{\left[\frac{a^L+a^U}{2}+\alpha(a^U-a^L)\right]-\left[\frac{b^L+b^U}{2}+\alpha(b^U-b^L)\right]\right\}^2\mathrm{d}\alpha$$
$$=\left(\frac{a^L+a^U}{2}-\frac{b^L+b^U}{2}\right)^2+\frac{1}{12}[(a^U-a^L)-(b^U-b^L)]^2 \quad (4-11)$$

接下来验证式(4-11)是否满足条件①~③。

任意三个区间数形式的数 $a=[a^L, a^U]$、$b=[b^L, b^U]$ 与 $c=[c^L, c^U]$, $\forall\alpha\in[-1/2, 1/2]$,存在

$$a_\alpha=\frac{a^L+a^U}{2}+\alpha(a^U-a^L) \quad (4-12)$$

$$b_\alpha=\frac{b^L+b^U}{2}+\alpha(b^U-b^L) \quad (4-13)$$

$$c_\alpha=\frac{c^L+c^U}{2}+\alpha(c^U-c^L) \quad (4-14)$$

其中,$a_\alpha\in a$, $b_\alpha\in b$ 及$c_\alpha\in c$。

根据定义 4.3,距离计算公式为

$$d(a, b)=\sqrt{\int_{-\frac{1}{2}}^{\frac{1}{2}}(a_\alpha-b_\alpha)^2\mathrm{d}\alpha} \quad (4-15)$$

显然,式(4-15)很容易满足条件①和②。下面采用 Cauchy-Buniakowskii-Schwarz 不等式证明式(4-15)是否满足条件③。

Cauchy-Buniakowskii-Schwarz 不等式

$$\sqrt{\int_A^B[f(x)+g(x)]^2\mathrm{d}x}\leqslant\sqrt{\int_A^B f^2(x)\mathrm{d}x}+\sqrt{\int_A^B g^2(x)\mathrm{d}x} \quad (4-16)$$

所以

$$d(a, b)=\sqrt{\int_{-\frac{1}{2}}^{\frac{1}{2}}(a_\alpha-b_\alpha)^2\mathrm{d}\alpha}=\sqrt{\int_{-\frac{1}{2}}^{\frac{1}{2}}[(a_\alpha-c_\alpha)+(c_\alpha-b_\alpha)]^2\mathrm{d}\alpha}$$
$$\leqslant\sqrt{\int_{-\frac{1}{2}}^{\frac{1}{2}}(a_\alpha-c_\alpha)^2 d\alpha}+\sqrt{\int_{-\frac{1}{2}}^{\frac{1}{2}}(c_\alpha-b_\alpha)^2\mathrm{d}\alpha}=d(a, c)+d(c, b)$$
$$(4-17)$$

根据式(4 - 17)可知定义 4.3 满足条件③。因此，定义 4.3 满足距离定义的三个条件，式(4 - 11)的正确性验证结束。

2) 改进的模糊 TOPSIS 评价流程

改进的模糊 TOPSIS 对技术属性重要度的评价过程如下：

第一步，构建模糊决策矩阵。

模糊决策矩阵就是加权标准的 $CR - TA$ 关系矩阵的转矩阵。

$$\boldsymbol{D}=\begin{Bmatrix} [t_{11}^L,\ t_{11}^U] & [t_{12}^L,\ t_{12}^U] & \cdots & [t_{1m}^L,\ t_{1m}^U] \\ [t_{21}^L,\ t_{21}^U] & [t_{22}^L,\ t_{22}^U] & \cdots & [t_{2m}^L,\ t_{2m}^U] \\ \cdots & \cdots & \cdots & \cdots \\ [t_{n1}^L,\ t_{n1}^U] & [t_{n2}^L,\ t_{n2}^U] & \cdots & [t_{nm}^L,\ t_{nm}^U] \end{Bmatrix} \tag{4-18}$$

第二步，确定模糊正理想解和模糊负理想解。

模糊正理想解和模糊负理想解的计算公式为

$$A^{+}=\{[\upsilon_1^L,\ \upsilon_1^U],\ [\upsilon_2^L,\ \upsilon_2^U],\ \cdots,\ [\upsilon_m^L,\ \upsilon_m^U]\} \tag{4-19}$$

$$A^{-}=\{[\mu_1^L,\ \mu_1^U],\ [\mu_2^L,\ \mu_2^U],\ \cdots,\ [\mu_m^L,\ \mu_m^U]\} \tag{4-20}$$

其中，针对利益准则，有

$$\upsilon_j^U=\max_{i=1}^n\{t_{ij}^U\},\ \upsilon_j^L=\max_{i=1}^n\{[t_{ij}^L,\ t_{ij}^U]/\upsilon_j^U\} \tag{4-21}$$

$$\mu_j^L=\min_{i=1}^n\{t_{ij}^L\},\ \mu_j^U=\min_{i=1}^n\{[t_{ij}^L,\ t_{ij}^U]/\mu_j^L\} \tag{4-22}$$

针对成本准则，有

$$\upsilon_j^L=\min_{i=1}^n\{t_{ij}^L\},\ \upsilon_j^U=\min_{i=1}^n\{[t_{ij}^L,\ t_{ij}^U]/\upsilon_j^L\} \tag{4-23}$$

$$\mu_j^U=\max_{i=1}^n\{t_{ij}^U\},\ \mu_j^L=\max_{i=1}^n\{[t_{ij}^L,\ t_{ij}^U]/\mu_j^U\} \tag{4-24}$$

第三步，计算每个技术属性到模糊正理想解及模糊负理想解的距离。

技术属性到模糊正理想解的距离为

$$d_i^{+}=\sum_{j=1}^{m}\left\{\left(\frac{t_{ij}^L+t_{ij}^U}{2}-\frac{\upsilon_j^L+\upsilon_j^U}{2}\right)^2+\frac{1}{12}[(t_{ij}^U-t_{ij}^L)-(\upsilon_j^U-\upsilon_j^L)]^2\right\} \tag{4-25}$$

技术属性到模糊负理想解的距离为

$$d_i^- = \sum_{j=1}^{m} \left\{ \left(\frac{t_{ij}^L + t_{ij}^U}{2} - \frac{\mu_j^L + \mu_j^U}{2} \right)^2 + \frac{1}{12} [(t_{ij}^U - t_{ij}^L) - (\mu_j^U - \mu_j^L)]^2 \right\} \tag{4-26}$$

第四步,计算贴近度系数。

贴近度系数计算公式为

$$CC_i = \frac{d_i^-}{d_i^+ + d_i^-} \tag{4-27}$$

贴近度系数越大,就代表技术属性重要度越高。因此,可以通过计算贴近度系数对技术属性重要度进行排序。

4.4 技术冲突解决

技术冲突解决分为两个阶段,第一个阶段是识别技术冲突,第二个阶段是解决这些冲突。

4.4.1 技术冲突识别

在模糊 QFD 中技术属性之间的关系通常归纳为三种:正相关、不相关和负相关。采用直线拟合法识别,记 k_{ij} 代表第 i 项技术属性与第 j 项技术属性之间的关系。当其他条件相同时,如果增大或减小 TA_i 属性值,TA_j 属性值也会随之增大或减小,TA_i 与 TA_j 正相关 ($k_{ij} > 0$);如果增大或减小 TA_i 属性值,TA_j 属性值不改变,TA_i 与 TA_j 不相关 ($k_{ij} = 0$);如果增大或减小 TA_i 属性值,TA_j 属性值对应减小或增大,TA_i 与 TA_j 负相关 ($k_{ij} < 0$)。负相关被判断为冲突,识别过程如下:

第一步,构建决策系统。

所有的技术属性组成一个集合 $TA = \{TA_1, TA_2, \cdots, TA_n\}$,集合 TA_{n-i} 表示除去 TA_i 后剩下的技术属性组成的集合。考虑 TA_i 与其他技术属性的关系时,以 TA_i 为决策属性,以 TA_{n-i} 为条件属性,不同的技术属性的属性值组合对 TA_i 的影响构成决策系统。同理,专家用五个等级来评价技术属性的属性值,数值 1、3、5、7、9 分别代表很差、差、一般、好及很好。

第二步,在相同条件下检索两个技术属性的属性值。

当其他技术属性的属性值相同时，在决策系统中检索出不同的 TA_i 与 TA_j 属性值。以 TA_i 属性值作为拟合直线的纵坐标值，以 TA_j 属性值作为拟合直线的横坐标值，拟合直线。

第三步，用最小二乘法拟合直线。

采用最小二乘法拟合直线，设直线方程为

$$y=k_p x+h \tag{4-28}$$

式中　y——TA_i 属性值；

x——TA_j 属性值；

k_p——第 p 条直线的斜率。

y_q 与拟合直线上点 $k_p x_q+h$ 的偏差为

$$d_q=y_q-(k_p x_q+h) \tag{4-29}$$

偏差的平方总和为

$$D=\sum_{q=1}^{Q}d_q^2=\sum_{q=1}^{Q}[y_q-(k_p x_q+h)]^2 \tag{4-30}$$

式中　Q——技术属性的属性值的数量。

根据式(4-30)分别对 k_p 与 h 求偏导，并令结果等于0。

$$\begin{cases}\dfrac{\partial D}{\partial k_p}=2(k_p\sum\limits_{q=1}^{Q}x_q^2-\sum\limits_{q=1}^{Q}x_q y_q+h\sum\limits_{q=1}^{Q}x_q)=0\\ \dfrac{\partial D}{\partial h}=2(k_p\sum\limits_{q=1}^{Q}x_q-\sum\limits_{q=1}^{Q}y_q+Qh)=0\end{cases} \tag{4-31}$$

求解得

$$\begin{cases}k_p=\dfrac{\sum\limits_{q=1}^{Q}x_q\sum\limits_{q=1}^{Q}y_q-Q\sum\limits_{q=1}^{Q}x_q y_q}{(\sum\limits_{q=1}^{Q}x_q)^2-Q\sum\limits_{q=1}^{Q}x_q^2}\\ h=\dfrac{\sum\limits_{q=1}^{Q}x_q\sum\limits_{q=1}^{Q}x_q y_q-\sum\limits_{q=1}^{Q}x_q^2\sum\limits_{q=1}^{Q}y_q}{(\sum\limits_{q=1}^{Q}x_q)^2-Q\sum\limits_{q=1}^{Q}x_q^2}\end{cases} \tag{4-32}$$

第四步，计算平均斜率。

重复第二、三步，将所有的直线都拟合完毕，其平均斜率为

$$k_{ij}=\sum_{p=1}^{P}k_{p}/P \tag{4-33}$$

式中　k_{ij}——平均斜率；

P——拟合直线的数量。

第五步，识别技术冲突。

通过平均斜率来识别技术冲突。当 $k_{ij}>0$ 时，TA_i 与 TA_j 正相关；当 $k_{ij}=0$ 时，TA_i 与 TA_j 不相关；当 $k_{ij}<0$ 时，TA_i 与 TA_j 负相关，即为冲突。

4.4.2　基于改进的 TRIZ 理论的技术冲突解决

Altshuller 和 Shulya 从专利分析中总结出 TRIZ 理论来解决产品设计过程中面临的问题，从而可以产生更多的产品设计方案。在整个技术领域，他们识别出 39 个工程参数代表技术冲突，总结出 40 条发明原理来解决技术冲突。此外，还有分离原理、物质-场分析法、ARIZ(algorithm for inventive-problem solving, ARIZ)等解决方法。在产品设计过程中，TRIZ 理论的引入为产品方案设计指明了方向。

为了加强 TRIZ 理论的应用，其内容不断被扩展，特别是在 2003 年被更新过。有些研究将一些方法(如公理设计、实例推理)融入 TRIZ 理论中，更加快速地得到新的产品设计方案。随着 TRIZ 理论应用的推广，现已不仅局限于产品设计，还延伸到了其他领域，如化学、生物、医疗等，而且会根据领域特点来改进 TRIZ 理论的内容，使其符合其特点，然后再解决该领域中遇到的问题，进而产生新的方案。

当智能产品的技术冲突被识别后，就可以采用改进的 TRIZ 理论解决技术冲突。由于智能产品与传统产品有很大的不同，这会导致传统的 TRIZ 理论不能直接解决智能产品技术属性之间的冲突。针对智能产品的特点，对传统 TRIZ 理论进行改进，使其能更好地解决智能产品的技术冲突。改进的工程参数与发明原理见表 4-1 和表 4-2。

表 4-1　改进的工程参数

对应参数序号	工程参数	改进的内容
13	结构稳定性	智能产品与互联系统的完整性及模块之间的关系
33	可操作性	智能产品具有自主功能，能自主操作

（续表）

对应参数序号	工程参数	改进的内容
34	可维修性	智能产品能自动诊断故障并远程服务
35	适应性及多用性	智能产品随外部变化自动调整工作状态
37	监控与测试的困难程度	无线传感器网络监测智能产品和工作环境，自整定模糊 PID 控制器远程控制智能产品
38	自动化程度	智能产品自动运行、与其他产品或系统配合、自动强化产品性能

表 4-2　改进的发明原理

对应参数序号	原理名称	改进的发明原理
1	分割	• 将一个物体分成相互独立的部分 • 使物体分成容易组装及拆卸的部分（物理模块、智能模块及连接模块） • 增加物体相互独立部分的程度
4	增加不对称性	• 将物体的形状由对称变为不对称 • 如果物体是不对称的，增加其不对称的程度 • 增加个性化程度
9	预先反作用	• 预先施加反作用 • 如果一物体处于或将处于受拉伸状态，预先增加压力 • 反馈控制（输出信息或状态信息反馈到输入，并与输入进行负向或正向叠加）
10	预先作用	• 在操作开始前，使物体局部或全部产生所需的变化 • 预先对物体进行特殊安排，使其在时间上有准备或已处于易操作的位置 • 前馈控制（对可能受到的干扰做出预测，在偏差出现之前就采取控制措施抵消干扰）
21	减少有害作用时间	• 以最快的速度完成有害的操作 • 远程操作智能产品
24	借助中介物	• 使用中介物（智能互联系统）传递某一物体或某一种中间过程 • 将一容易移动的物体与另一物体暂时接合

（续表）

对应参数序号	原理名称	改进的发明原理
34	抛弃与再生	• 当一个物体完成了其功能或变得无用时，抛弃或修改该物体中的一个组件 • 立即修复一个物体中所损耗的部分（智能产品自修复）

改进的 TRIZ 理论解决技术冲突的流程如下：

第一步，将技术冲突转化为提高的参数与恶化的参数。

将技术冲突转化为 TRIZ 理论可识别的参数，即改进的 39 个工程参数。要提高或优化的技术属性与提高的参数有关，被破坏的技术属性与恶化的参数有关，此时就确认了提高的参数和恶化的参数。TA_i 与 TA_j 之间的冲突可能对应一个提高的参数和一个恶化的参数，也可能对应多个提高的参数和多个恶化的参数。

第二步，检索改进的发明原理。

在矛盾矩阵中，左侧对应提高的参数，上方对应恶化的参数。提高的参数和恶化的参数交叉处包含改进的发明原理序号，可能有 1～4 条改进的发明原理序号。理论上，这些改进的发明原理应按照重要度进行排序，靠前的发明原理优先被采纳。在改进的发明原理表中，可以根据序号检索出改进的发明原理内容。

第三步，解决技术冲突。

结合现有的设计、制造、服务等条件，合理选择改进的发明原理。实际上，改进的发明原理不能直接用于解决技术冲突，但为技术冲突的解决指明了方向。根据企业现状及现有理论来修改改进的发明原理，然后形成最优解决方案，解决技术冲突，最终得到无冲突的技术属性，是下一步智能产品模块划分的重要输入。

第5章 智能产品监测与控制功能的设计

智能产品在概念设计过程中，首先要实现监测功能，包括对产品和周围环境进行监测，以便随时对外发出通知或警告。然后利用监测数据来实现控制功能，远程控制智能产品的各项操作，特别是客户与智能产品的个性化交互。因此，本章主要介绍智能产品的监测与控制功能的设计方法。根据技术属性划分模块，定义每类模块的功能。借助无线传感器网络（wireless sensor networks, WSN）技术实现监测功能，对智能产品的状态、运行和使用状况、周围环境等进行监测。并对监测数据进行处理，提取有价值的信息，有利于控制功能设计。采用模糊控制系统实现控制功能，特别是产品内置或云端搭载的软件能异地操作智能产品，并且为客户提供多种与产品互动的方式。本章介绍路线为首先介绍智能产品模块划分，随后依次介绍智能产品的检测功能和控制功能的设计技术。

5.1 智能产品的模块划分

根据技术属性的内容建立它们之间的关联关系，经成对比较算法后聚合成不同的模块，以实现不同的功能。

1）模块划分的原因

模块化设计有效地提高了设计速度和减少设计成本，已经成为当今产品设计的主流。智能产品划分成不同的模块主要原因有四点：第一，为了在协同的环境中并行设计智能产品，将技术属性聚集为不同的模块，分给不同的部分设计，缩短智能产品概念设计周期；第二，不同模块具有不同的功能，一些模块功能实现需要另外一些模块的输出作为驱动信号，还有一些模块能提高或强化另外一些模块的功能；第三，有相似功能的模块可以互换，当智能产品出现故障或维修时，用已有的模块替换掉有故障的模块，减少服务时间，延长使用时间；第四，根据客户需求将不同模块进行配置，实现智能产品个性化定制，提高客户满意度。因此，智能产品模块化设计势在必行。

2) 技术属性的三种关系

智能产品的技术属性之间的关系通常分为三种类型：平行关系（parallel relationship）、顺序关系（sequential relationship）及耦合关系（coupled relationship），如图 5-1 所示。

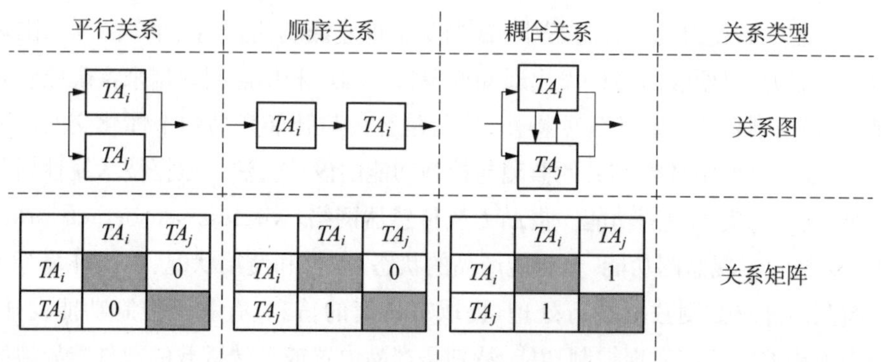

图 5-1 技术属性的三种关系

(1) 平行关系也称独立关系（independency），即两个技术属性 TA_i、TA_j 没有任何交流或交互（TA_i、TA_j），它们可以同时发生。由于 TA_i 不是 TA_j 的输入且 TA_j 也不是 TA_i 的输入，在关系矩阵中取值为 0。

(2) 顺序关系也称依赖关系（dependency），即两个技术属性 TA_i、TA_j 以单向流的方式交流（$TA_i \Rightarrow TA_j$），TA_i 发生后才能引起 TA_j 发生。因此 TA_i 是 TA_j 的输入，在关系矩阵中取值为 1。反过来 TA_j 不是 TA_i 的输入，所以取值为 0。

(3) 耦合关系也称相互关系（interaction），即两个技术属性 TA_i、TA_j 以双向流的方式快速交流（$TA_i \Leftrightarrow TA_j$），$TA_i$ 的输出可以作为 TA_j 的输入，反之也成立。可见 TA_i 与 TA_j 互为输入，在关系矩阵中取值均为 1。在耦合关系中，TA_i、TA_j 需要经过多次互动才能达到平衡。

3）技术属性聚合成模块

参考技术属性之间的三种关系，建立智能产品技术属性的初始图（initial graph）或联络图（liaison graph）。当技术属性数量较少或关系简单时，关系图与关系矩阵均可采用；当技术属性数量较多及关系复杂时，优先采用关系矩阵。在关系矩阵中，0 代表没有输入，1 代表有输入。为了简化聚合过程，先处理独立的技术属性，处理的方法有两种：只有输出没有输入的，将技术属性移动到左上角并隐藏；只有输入没有输出的，技术属性移动到右下角并隐藏。然后采用成对比较算法聚合剩下的技术属性。

在关系矩阵中，技术属性所在列包含“1”的个数越多，其技术属性所在列就越要向后移动；包含“1”个数越少，越向前移动。如果两个技术属性所在列包含“1”的个数一样，则位置不改变。经多次移动后，技术属性按所在列包含“1”的数量从小到大的顺序排序，然后显示出隐藏的技术属性。在新的关系矩阵中，按三种关系聚合技术属性形成不同的模块。成对比较算法的具体流程见表 5-1。

表 5-1　成对比较算法流程

成对比较算法流程
输入：技术属性 $TA_i(i=1、2、\cdots、n)$ 及初始图 输出：聚合的技术属性（即模块） 开始 步骤 1：构造关系矩阵 $\boldsymbol{M}_{n\times n}$。如果技术属性 TA_j 是 TA_i 的输入，$m_{ij}=1$，否则 $m_{ij}=0$； 步骤 2：当 $\sum_{j=1}^{n}m_{ij}=0$，$m(i,:)$ 移到左上角并隐藏 $m(i,:)$ 和 $m(:,i)$；当 $\sum_{i=1}^{n}m_{ij}=0$，$m(:,i)$ 移到右下角并隐藏 $m(j,:)$ 和 $m(:,j)$； 步骤 3：如果 $\sum_{i=1}^{n}m_{ij}>\sum_{i=1}^{n}m_{ij+1}$，$m(:,j)$ 和 $m(:,j+1)$ 互换，否则不改变； 步骤 4：显示隐藏的行和列； 步骤 5：识别聚合的技术属性。如果 $m_{ij}=0$ 和 $m_{ji}=0$，TA_j 与 TA_i 是平行关系；如果 $m_{ij}=1$ 或 $m_{ji}=1$，TA_j 与 TA_i 是顺序关系；如果 $m_{ij}=1$ 和 $m_{ji}=1$，TA_j 与 TA_i 是耦合关系。 结束

4）模块分类

根据模块的组成和功能将模块分为三种类型：物理模块、智能模块和连接模块。

(1) 物理模块主要包括机械类和电子类零部件,是智能产品的基本组成。

(2) 智能模块主要由传感器、微处理器、数据储存器、控制器、软件、嵌入式操作系统和用户交互界面等组成,其中软件可以代替一些硬件或使一个物理设备在不同条件下运行。智能模块可以加强物理模块的功能和价值。

(3) 连接模块主要包含接口、天线、有线或无线连接协议等,强化智能模块的功能和价值,并让部分功能和价值脱离物理产品而存在。连接模块有三种连接方式:一对一、一对多和多对多。通过这些连接方式可以使信息在智能产品、用户、制造商等之间传递,从而让某些功能脱离智能产品运行。

技术属性经聚合后即可形成三类模块,这三类模块最终组成智能产品。

5.2 监测功能的设计技术

智能产品监测功能的设计流程如图 5-2 所示。WSN 以"交叉双链"方式来监测产品状态和工作环境。其中,传感节点用于采集监测数据,K-means 算

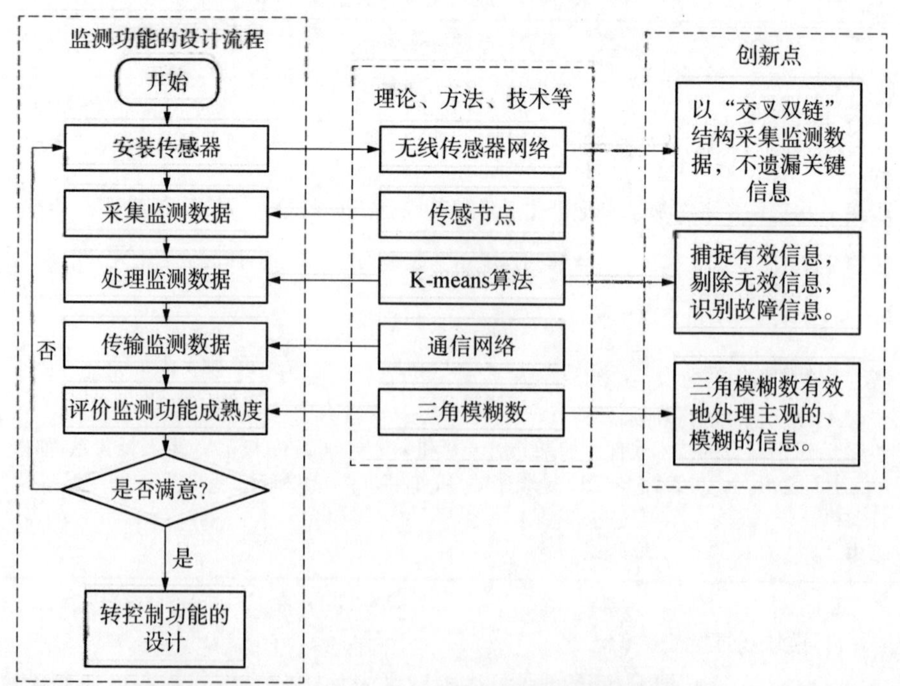

图 5-2 智能产品监测功能的设计流程

法可以识别出有效数据和故障数据。然后通过通信网络对外传输有效数据，而故障数据经诊断后采取相应措施解决。采用三角模糊数评价监测功能成熟度，指导后续监测功能的详细设计。如果对成熟度满意，监测功能设计即完毕，否则要优化 WSN 的设计。

5.2.1　面向智能产品的 WSN 设计

针对智能产品的特点设计 WSN，其中包括体系结构和通信协议。

1）WSN 的体系结构

WSN 一共分为四层，底层是监测区域，中间两层是汇聚层和网络层，顶层是管理层，如图 5－3 所示。

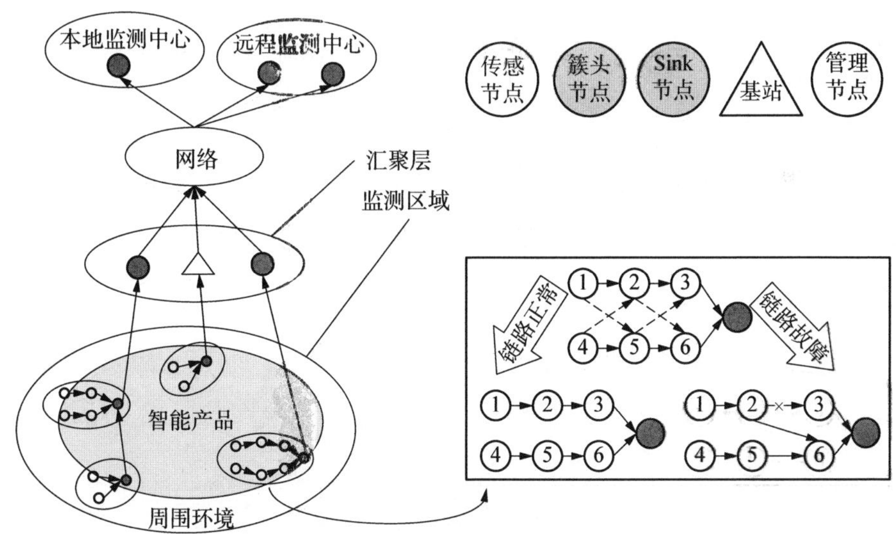

图 5－3　WSN 的体系结构

智能产品包含大量微型传感器，微型传感自组织地形成监测网络，能量较低的传感节点监测智能产品状态和周围环境，以“交叉双链”的方式将监测数据发送给簇头节点；能量较高的簇头节点接收监测数据后，初步处理监测数据，以“单跳”或“多跳”的方式传给汇聚节点或基站。

汇聚层由汇聚节点（也称“Sink 节点”）和基站组成。汇聚节点或基站比簇头节点的容量大、处理能力强，可以连接 WSN 和外部网络，将传感节点采集的监测数据传给监测中心，亦将来自监测中心的监测任务传给 WSN。

在网络层中，互联网、Internet、通信网等都可传递监测数据和监测任务，是信息传输的主要通道。

本地监测中心通常指用户，远程监测中心则是企业。用户或企业可以通过管理节点被动接受监测数据，也可以主动查询监测数据，进而分析监测数据后发布监测任务，告知传感节点采集哪些监测数据。

2）WSN 的通信协议

WSN 通信协议结合了分层与跨层的方式，分层包括物理层、数据链路层（MAC 层）、网络层、传输层和应用层，跨层包括能量管理平台、任务管理平台和节点管理平台。

在分层中，物理层位于底层，负责信号的调制和数据的发送、接收；数据链路层负责数据成帧、差错控制和介质访问等，并将物理层的信号转换为可靠的链路；网络层在通信的两点间建立路由，维护数据传输；传输层负责数据流的传输控制，保证通信服务质量；应用层则为用户提供各种应用，支持多种服务。

在跨层中，能量管理平台管理节点如何应用能量，完成任务后即关闭耗能装置；任务管理平台给不同节点分配不同的任务，其中能量高的节点承担更多的任务；节点管理平台维护节点间的路由，平衡节点能量消耗和任务管理。

5.2.2 传感节点工作原理

传感节点负责监视智能产品和周围环境，并收集监测数据，是 WSN 的核心内容。主要由传感模块、处理模块、通信模块和供电模块组成，如图 5－4 所示。

1）传感模块

传感模块由传感器和 A/D 转换器组成，主要任务是采集监测数据。节点中的传感器感知智能产品和周围环境，获取原始数据；A/D 转换器将原始数据转换成数字信号，便于传输、处理和控制等。

2）处理模块

由存储器和处理器组成的处理模块，对自身采集的数据及其他节点转发来的数据进行处理、存储和转发，并控制和协调整个传感节点的工作。

3）通信模块

通信模块包括收发器和网络两个部分，负责数据传输。网络连接不同的传感节点；收发器收发监测数据及交换控制消息。

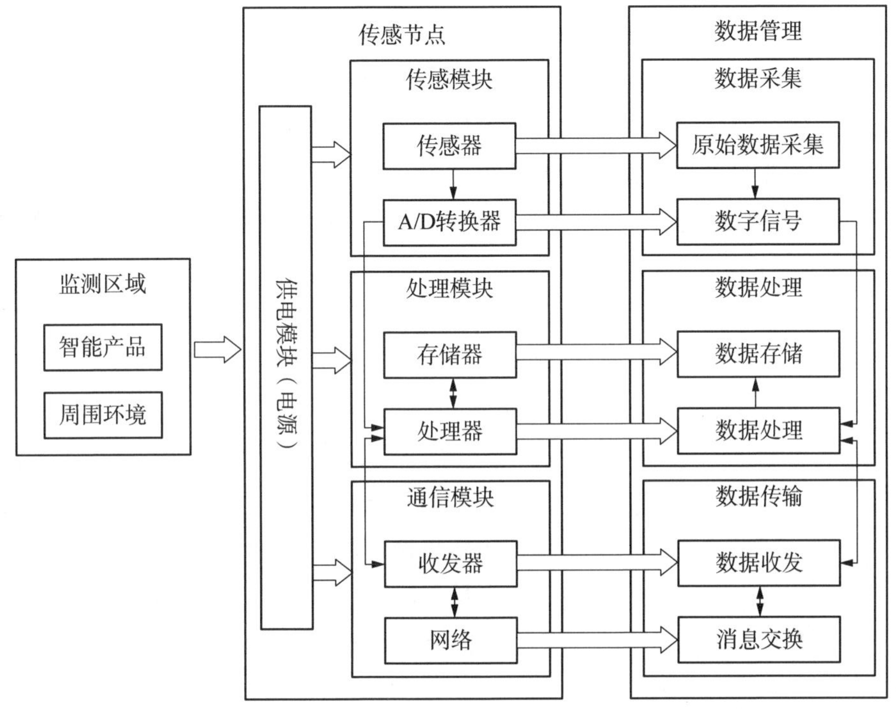

图5-4 传感节点的组成

4）供电模块

供电模块通常选用微型电池，为传感模块、处理模块和通信模块的工作提供能量。

5.2.3 基于K-means算法的数据融合技术

WSN能够采集大量的监测数据，然后采用K-means算法从中提取有价值的数据，供企业分析和决策。

1）数据融合原因

由于WSN部署具有冗余性，采集的监测数据中会含有大量的冗余数据，而且WSN在储存空间、供电、计算能力等方面受到很大的限制。如果将采集的监测数据直接传递给用户，一方面会消耗网络中大部分的能源，另一方面用户需要对监测数据处理后获取有用信息。因此，有必要采用数据融合技术对网络中的监测数据进行融合处理，增强数据的鲁棒性和准确性，减少数据的冗余性，节约能源等。监测数据融合的原因主要有：

（1）数据融合可以删除冗余、无效、可信度较差的数据。为了增强 WSN 的鲁棒性和监测的准确性，配置多个传感节点能够交叉重叠监测智能产品，相邻节点采集的监测数据会非常接近或类似，需要融合这些监测数据。

（2）数据融合可以提高数据的准确性。单个传感节点采集的监测数据存在不可靠性，因此应综合分析多个传感节点的监测数据，提高数据的可信度和准确性。

（3）数据融合可以提高数据采集效率。WSN 的数据传输带宽有一定的限制，因此对监测数据融合后，可以减少数据传输量和数据冲突，降低数据拥堵和传输延迟，从而提高监测数据采集效率。

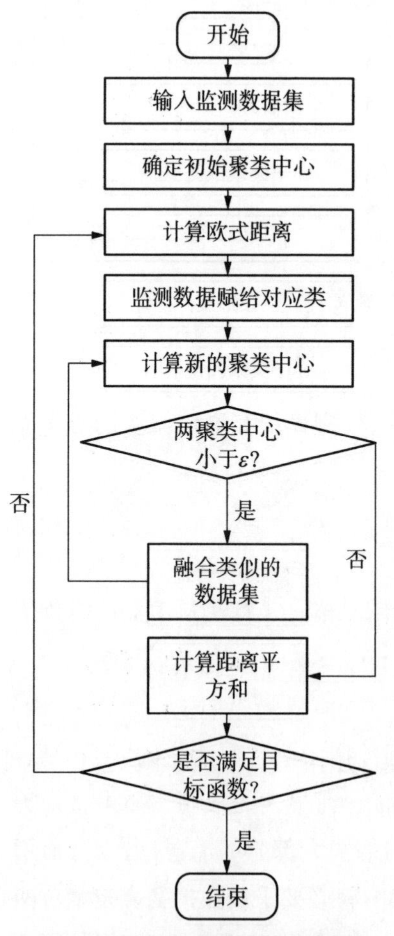

图 5－5　K-means 算法的流程图

（4）数据融合能够节约能量。由于供电系统的能量有限，数据传输的能耗远远大于感知和计算的能耗，而数据传输耗能与数据量和传输距离有关，因此在数据传输前需要融合处理能节约能量。

2）算法流程分析

K-means 算法是一种非监督实时聚类算法，其具体流程如图 5－5 所示，算法的步骤如下：

步骤 1：设 n 个监测数据集为 $x=\{x_1, x_2, \cdots, x_n\}$，有 k 个聚类中心 $c=\{c_1, c_2, \cdots, c_k\}$。

步骤 2：计算每个监测数据与每个聚类中心的距离。根据欧式距离公式 $d(x_i, c_j)=\sqrt{(x_i-c_j)^2}$ 来计算每个监测数据与每个聚类中心距离，并将该监测数据划分到具有最小距离的类中。

步骤 3：重新计算每个监测数据集的聚类中心，其计算公式为 $\bar{c}_j=\sum_{i=1}^{m} x_i/m$。

步骤 4：融合类似的监测数据集。当两

个监测数据集的聚类中心距离小于ε时，即 $|c_j - c_{j+1}| < \varepsilon$，将这两个监测数据集融合，然后根据步骤3计算新的聚类中心。

步骤5：重复步骤2～4，直到满足目标函数结束。目标函数为 $\min J(x_i, c_j) = \sum_{j=1}^{k}\sum_{i=1}^{n}\|x_i - c_j\|^2$。

5.2.4　监测功能成熟度的评价方法

智能产品的监测功能初步实现后，需要对监测功能成熟度进行评价。考虑WSN和K-means算法的设计，监测功能成熟度评价维度有：

(1) 传感器布局：涉及传感器数量和定位，尽量用少量传感器覆盖所有的监测区域，并且减少重复监测区域。

(2) 数据采集：在保证数据准确性的前提下合理设置采集时间，时间过长，可能会错过关键数据；过短，则会增加数据量。

(3) 数据处理：包括处理速度和准确率，要求处理速度快和准确率高，并且节约能量。

(4) 故障预警：及时发现故障，并对外发出通知。

监测功能各维度成熟度的评价标准为：效果好、数据准确性高、响应时间短。

采用三角模糊数评价监测功能成熟度，其评价过程如下：

第一步，用语言变量评价标准重要度与指标成熟度。

领域专家采用语言变量评价标准重要度和指标成熟度。标准重要度分为五个等级：较低(VL)、低(L)、一般(M)、高(H)和较高(VH)。指标在评价标准下的成熟度也分为五个等级：较低(VL)、低(L)、一般(M)、高(H)和较高(VH)。

第二步，将语言变量转化为对称三角模糊数。

标准重要度与指标成熟度的语言变量可以转化为对称三角模糊数：

$$\omega_i^t = [\omega_i^{tL}, \omega_i^{tU}] \tag{5-1}$$

$$m_{ij}^t = [m_{ij}^{tL}, m_{ij}^{tU}] \tag{5-2}$$

式中　ω_i^t ——第 t 个专家评价第 i 个标准重要度；

m_{ij}^t ——第 t 个专家评价第 j 个指标在第 i 个标准下的成熟度；

ω_i^{tL} 和 m_{ij}^{tL}、ω_i^{tU} 和 m_{ij}^{tU} ——分别为对称三角模糊数的下限和上限。

第三步，计算加权标准化的指标成熟度。

集成专家按下列公式对标准重要度与指标成熟度进行评价：

$$\omega_i'^L = \sum_{t=1}^{T} \omega_i^{tL} / T, \ \omega_i'^U = \sum_{t=1}^{T} \omega_i^{tU} / T \tag{5-3}$$

$$m_{ij}'^L = \sum_{t=1}^{T} m_{ij}^{tL} / T, \ m_{ij}'^U = \sum_{t=1}^{T} m_{ij}^{tU} / T \tag{5-4}$$

式中　T——评价专家的数量。

标准化加权的标准重要度与指标成熟度如下：

$$\omega_i^L = \frac{\omega_i'^L}{\max_{i=1}^{k}\{\max[\omega_i'^L, \ \omega_i'^U]\}}, \ \omega_i^U = \frac{\omega_i'^U}{\max_{i=1}^{k}\{\max[\omega_i'^L, \ \omega_i'^U]\}} \tag{5-5}$$

$$m_{ij}^L = \frac{r_{ij}'^L}{\max_{j=1}^{s}\{\max[m_{ij}'^L, \ m_{ij}'^U]\}}, \ m_{ij}^U = \frac{r_{ij}'^U}{\max_{j=1}^{s}\{\max[m_{ij}'^L, \ m_{ij}'^U]\}} \tag{5-6}$$

式中　k——评价标准的数量；

　　　s——评价标准的数量。

根据式(5－5)与式(5－6)可以得到加权的指标成熟度。

$$n_{ij}^L = \omega_i^L \times m_{ij}^L, \ n_{ij}^U = \omega_i^U \times m_{ij}^U \tag{5-7}$$

第四步，计算指标成熟度。

指标成熟度为

$$n_j^L = \sum_{i=1}^{k} n_{ij}^L / k, \ n_j^U = \sum_{i=1}^{k} n_{ij}^U / k \tag{5-8}$$

第五步，判断监测功能成熟度。

计算监测功能成熟度：

$$n^L = \sum_{j=1}^{s} n_j^L / s, \ n^U = \sum_{j=1}^{s} n_j^U / s \tag{5-9}$$

判断监测功能成熟度：成熟度值位于[0.0，0.2]中，成熟度很低；位于[0.2，0.4]中，成熟度低；位于[0.4，0.6]中，成熟度一般；位于[0.6，0.8]中，成熟度高;位于[0.8, 1.0]中,成熟度很高。

监测功能成熟度评价结束后,需要分析评价结果。如果对监测功能成熟度满意,监测功能就不需要优化,否则要优化监测功能。此外,在优化监测功能的过程中,需要考虑以下内容:

(1) 监测功能的优化一定具有可实施性,不能超出目前的技术、设备等水平。

(2) 监测功能的优化可能涉及产品成本与客户价值的平衡,需折中处理。

5.3 控制功能的设计技术

控制是智能产品的第二项功能。在监测功能的基础上,用户可以利用产品内置或云中的算法远程控制智能产品。此外,用户还可以选择多种方式与智能产品进行互动,如 App 控制、一键操作、电脑控制等。

智能产品控制功能的设计流程如图 5－6 所示。通过远程控制系统,选用多种方法输入控制信息,并运用模糊算法提高信息控制鲁棒性、可靠性。改进

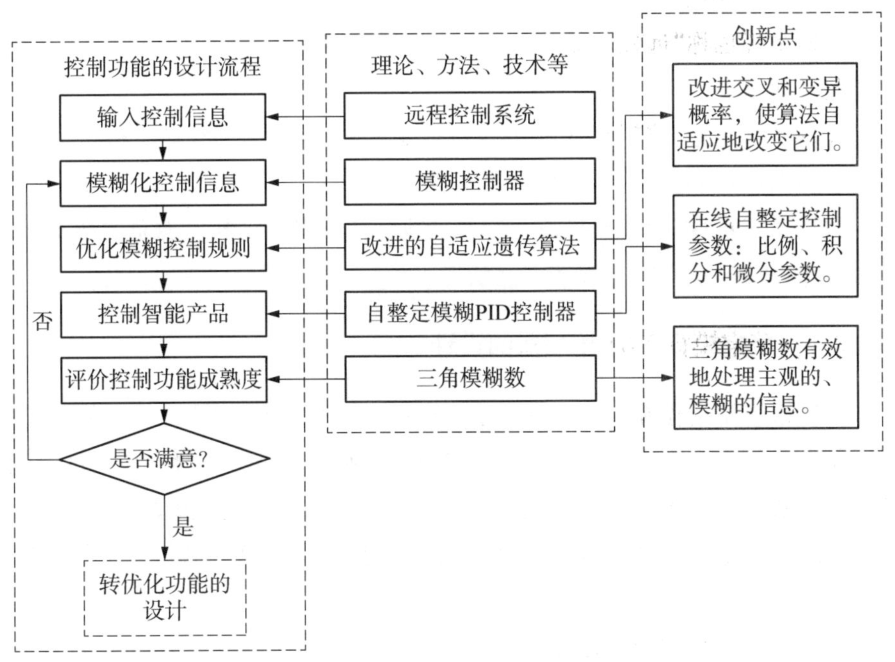

图 5－6　智能产品控制功能的设计流程

的自适应遗传算法(improved adaptive genetic algorithm,IAGA)可以优化模糊控制规则,自整定模糊PID控制器在线自整定控制参数。然后评价控制功能成熟度,如果对控制功能成熟度满意,即不需要优化控制功能,否则要优化。

5.3.1　面向智能产品的远程控制系统设计

智能产品的远程控制系统由四个子系统组成,分别为主控系统、通信系统、控制系统和被控系统,如图5-7所示。

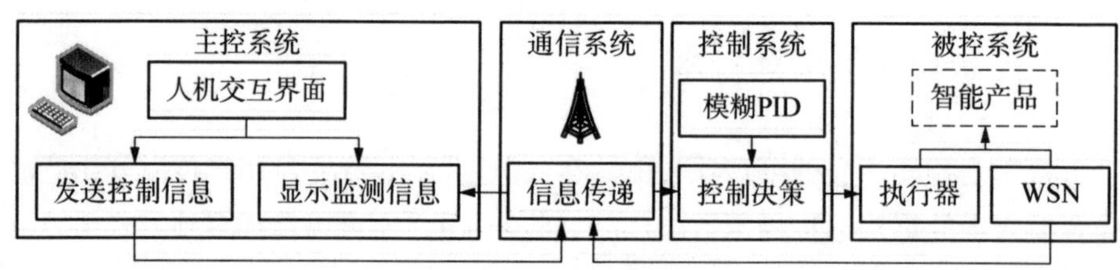

图5-7　远程控制系统

主控系统也称"远程控制终端",为用户提供个性化交互界面,主要功能有控制信息输入和监视智能产品状态。

通信系统也称"远程传输设备",是信息传输通道,负责传输控制信息、监测信息及其他信息。

控制系统也称"控制操作设备",自整定模糊PID控制器在分析接受的控制信息后做出控制决策,并向执行器发送控制信息。

被控系统也称"现场监控设备",包括执行器和WSN,执行器负责驱动智能产品工作,WSN负责监测智能产品状态。

5.3.2　自整定模糊PID控制器的设计

控制系统是远程控制系统的关键子系统,其核心内容是自整定模糊PID控制器。自整定模糊PID控制器结合PID控制和模糊控制,利用二者的优势来控制智能产品的各项功能。在控制过程中,经IAGA优化模糊控制规则后,可以实现参数ΔK_P、ΔK_I、ΔK_D在线自整定,提高控制系统的响应速度,减小超调量,以便达到更好的控制效果。

5.3.2.1　模糊PID控制器的设计

模糊PID控制器由PID控制器和模糊控制器组成,如图5-8所示。为了使智能产品实际输出值 $y(t)$ 达到给定目标值 $r(t)$，PID 控制器通过误差 $e(t)$ 产生控制信号 $u(t)$，在这个过程中，模糊控制器能够调节 PID 控制器的参数 K_P、K_I、K_D。

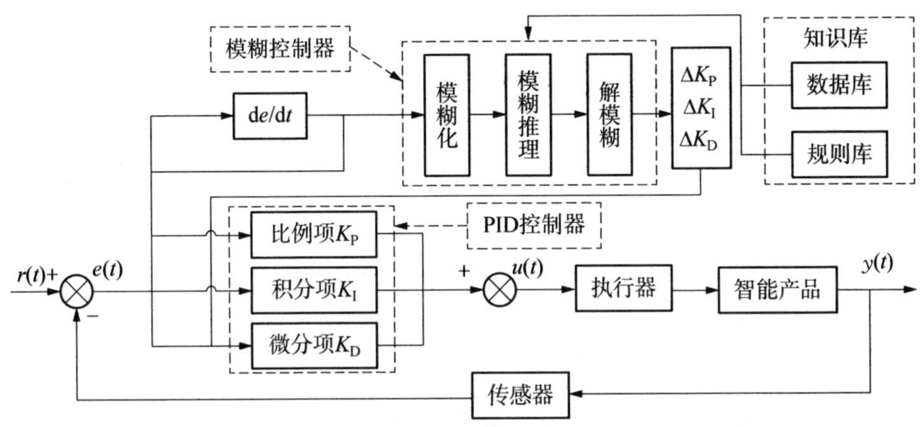

图 5-8　模糊 PID 控制器的结构

1）确定模糊 PID 控制器的输入和输出

PID 控制器是一种线性控制器，根据目标值 $r(t)$ 和输出值 $y(t)$ 构成控制偏差：

$$e(t)=r(t)-y(t) \tag{5-10}$$

将此偏差的比例、积分和微分通过线性组合构成控制量，对智能产品进行控制。

$$u(t)=K_P e(t)+K_I\int e(t)\mathrm{d}t+K_D\frac{\mathrm{d}e(t)}{\mathrm{d}t} \tag{5-11}$$

模糊 PID 控制器以误差 e 和误差变化率 ec（是当前时刻误差 e 相对于上一刻的变化率）作为输入。满足不同时刻的 e 和 ec 对参数 K_P、K_I、K_D 自整定的要求。PID 控制器控制参数 K_P、K_I、K_D，经模糊控制器后控制参数 K_P、K_I、K_D 的修正值，即 ΔK_P、ΔK_I、ΔK_D。因此，作用于智能产品的参数为

$$K_P=K_{P0}+\Delta K_P \tag{5-12}$$

$$K_I=K_{I0}+\Delta K_I \tag{5-13}$$

$$K_D = K_{D0} + \Delta K_D \tag{5-14}$$

式中 K_{P0}、K_{I0} 和 K_{D0}——分别为 PID 参数的初始值。

所以，模糊 PID 控制器的输出为 ΔK_P、ΔK_I、ΔK_D，即模糊 PID 控制器采用两输入三输出的模式。

2）确定语言变量

e 和 ec 为模糊 PID 控制器的输入变量，ΔK_P、ΔK_I、ΔK_D 为输出变量，它们的论域均为[−3, 3]，模糊子集为{NB, NM, NS, ZO, PS, PM, PB}，代表的语言值为{负大，负中，负小，零，正小，正中，正大}。

3）确定语言变量的隶属度函数

隶属度函数通常有对称三角形、对称梯形和正态分布型。由于对称三角形隶属度函数是线性的，其计算简单，所以输入和输出语言变量的隶属度函数为对称三角形。

4）设计模糊控制规则

参数 K_P、K_I、K_D 与控制系统是相互影响和制约的。K_P 能加快控制系统响应速度，但过大会产生超调，导致控制系统不稳定；K_I 能消除控制系统稳态误差，但过大会产生积分饱和，引起较大的超调；K_D 过大会降低控制系统的抗干扰能力。综合考虑控制系统的响应速度、超调量和稳定性等，分析参数 K_P、K_I、K_D 在不同的 e 和 ec 下的调整。

当 e 较小时，K_P 和 K_I 可取较大值，使控制系统有良好的稳定性能；K_D 值适当选取，以避免控制系统在平衡点出现振荡。

当 e 中等大小时，K_P 取较小值，使控制系统的超调略小；K_I 值不能过大；K_D 值对控制系统比较关键，应适当取值，保证控制系统的响应速度。

当 e 较大时，K_P 取较大值，加快响应速度，减小时间常数和阻尼系数，同时也不能过大，造成控制系统不稳定；$K_I=0$，可以避免控制系统出现较大的超调，产生积分饱和；K_D 取较小值，能够防止控制系统可能引起超范围控制作用。

5）建立模糊控制规则表

根据专家知识和实际操作者的经验，总结出模糊控制规则，见表 5-2～表 5-4。

表 5-2　ΔK_P 的模糊控制规则

e	ec						
	NB	NM	NS	ZO	PS	PM	PB
NB	PB	PB	PM	PM	PS	ZO	ZO
NM	PB	PB	PM	PS	PS	ZO	NS
NS	PM	PM	PM	PS	ZO	NS	NS
ZO	PM	PM	PS	ZO	NS	NM	NM
PS	PS	PS	ZO	NS	NS	NM	NM
PM	PS	ZO	NS	NM	NM	NM	NB
PB	ZO	ZO	NM	NM	NM	NB	NB

表 5-3　ΔK_I 的模糊控制规则

e	ec						
	NB	NM	NS	ZO	PS	PM	PB
NB	NB	NB	NM	NM	NS	ZO	ZO
NM	NB	NB	NM	NS	NS	ZO	ZO
NS	NB	NM	NS	NS	ZO	PS	PS
ZO	NM	NM	NS	ZO	PS	PM	PM
PS	NM	NS	ZO	PS	PS	PM	PB
PM	ZO	ZO	PS	PS	PM	PB	PB
PB	ZO	ZO	PS	PM	PM	PB	PB

表 5-4　ΔK_D 的模糊控制规则

e	ec						
	NB	NM	NS	ZO	PS	PM	PB
NB	PS	NS	NB	NB	NB	NM	PS
NM	PS	NS	NB	NM	NM	NS	ZO
NS	ZO	NS	NM	NM	NS	NS	ZO
ZO	ZO	NS	NS	NS	NS	NS	ZO
PS	ZO	ZO	ZO	ZO	ZO	ZO	ZO
PM	PB	NS	PS	PS	PS	PS	PB
PB	PB	PM	PM	PM	PS	PS	PB

5.3.2.2　基于改进的自适应遗传算法的模糊控制规则优化

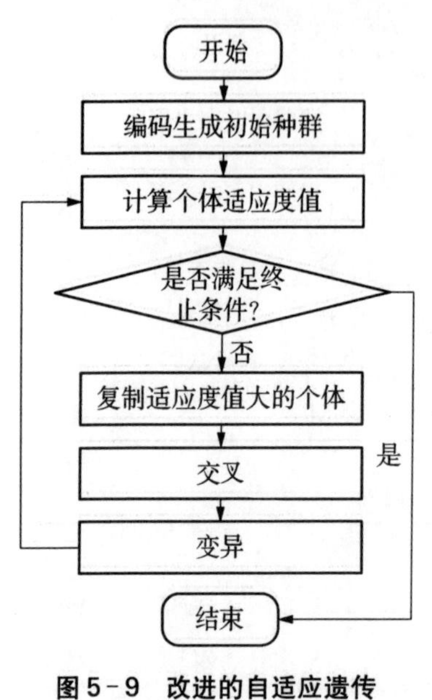

图 5-9　改进的自适应遗传算法的流程图

利用 IAGA 优化模糊控制规则，在线自整定 ΔK_P、ΔK_I、ΔK_D，以提高自整定模糊 PID 控制器的控制效果。由于表 5-2～表 5-4 是总结专家知识和操作者经验得到的，并不是最优的模糊控制规则，因此本书制约了自整定模糊 PID 控制器的控制性能。经 IAGA 优化模糊控制规则后，自整定模糊 PID 控制器的响应速度加快，超调量减小。IAGA 流程如图 5-9 所示，具体过程如下：

步骤 1：使用二进制编码，产生初始种群。用三位二进制数{000，001，010，011，100，101，110}分别表示模糊语言变量{NB，NM，NS，ZO，PS，PM，PB}，模糊控制规则经过二进制编码得到的规则染色体由 49 位控制基因和 49×3 位规则基因组成。

步骤 2：建立优化模型，计算个体的适应度值。选择 ITAE(时间乘以误差绝对值积分)作为目标函数综合评价控制系统的超调量、响应时间和稳态误差等。

$$\min J(ITAE)=\int_0^{\infty} t\,|\,e(t)\,|\,\mathrm{d}t \tag{5-15}$$

其中，J 为目标函数，J 值越小，系统性能越好，故适应度函数取目标函数的倒数。为了避免分母为 0，适应度函数为

$$F=\frac{1}{J+10^{-10}} \tag{5-16}$$

步骤 3：选择适应度值大的个体进行复制，适应度值小的个体被淘汰。

步骤 4：确定算法的运行参数，包括种群规模 M、遗传代数 T、改进的自适应交叉概率 P_c 和改进的自适应变异概率 P_m。IAGA 能够自适应地改变 P_c 和 P_m。

$$P_c=\begin{cases}P_{c1}-\dfrac{(P_{c1}-P_{c2})(f'-f_{avg})}{f_{max}-f_{avg}} & (f'\geqslant f_{avg})\\ P_{c1} & (f'<f_{avg})\end{cases} \tag{5-17}$$

$$P_m=\begin{cases}P_{m1}-\dfrac{(P_{m1}-P_{m2})(f-f_{avg})}{f_{max}-f_{avg}} & (f\geqslant f_{avg})\\ P_{m1} & (f<f_{avg})\end{cases} \tag{5-18}$$

式中　f_{max}——种群的最大适应度值；

f_{avg}——每代种群的平均适应度值；

f'——要交叉的两个个体中较大的适应度值；

f——要变异个体的适应度值；

$P_{c1}=0.9$，$P_{c2}=0.6$，$P_{m1}=0.1$，$P_{m2}=0.01$。

步骤 5：重复步骤 2～4，直到满足终止条件结束。

5.3.3　控制功能成熟度的评价方法

当控制功能初步确定后，需要对其成熟度进行评价，进而为后续设计指明方向。控制功能成熟度评价维度包括：

(1) 交互界面：需要操作简单，人性化设计，文字配图片，适合任何人群，特别是老人和小孩。而且界面可以提供多种互动方式，通过网络在任何时间和地点都能控制智能产品。

(2) 信息传输效率：包括传输速度、延时、丢失、冲突等。控制信息的传输效率能够直接影响控制器的决策，控制信息越全面，则控制决策越准确。

(3) 决策能力：控制器能够根据控制信息快速做出决定。随着外界的变化，如控制信息变化和环境变化，控制器可以结合控制信息和产品工作状态，正确地做出决策，来控制智能产品各项功能。

(4) 控制精度：控制精度越高，控制信息处理也就越准确，控制效果也越好。

控制功能成熟度各维度评价标准有：个性化程度高、调整时间短、响应速度快。

同理，采用三角模糊数来评价控制功能成熟度，其评价流程参考 5.2.4 小节内容。此外，针对控制功能成熟度评价结果，应在分析后做出改进。如果满意则不需要提高控制功能，否则要优化控制功能。优化时，控制功能应是可实施的，同时还要考虑产品成本与客户价值。

第6章 智能产品优化与自主功能的设计

第 5 章已经介绍了智能产品的监测与控制功能，而智能产品具有自组织、自适应、自诊断等特性，其最终目标是自主工作。然而，仅仅通过 WSN 监测智能产品及自整定模糊 PID 控制智能产品是不够的，还要在此基础上实现“优化”和“自主”两项功能。优化也就是对智能产品进行性能提升和故障诊断，自主包括自主运行、与其他产品或系统配合、自主强化智能产品性能、故障自诊断和服务。

因此，本章设计了智能产品的优化和自主功能。在监测数据和控制功能的基础上，利用算法实现优化功能，然后运用三角模糊数评价优化功能成熟度，以完善设计。将监测、控制和优化等三项功能融合，就能实现智能产品的自主功能，经三角模糊数评价成熟度后，再确定自主功能设计。四项功能设计结束后，需要集成各项功能系统形成闭环，以完成智能产品概念设计。

6.1 优化功能的设计技术

在监测数据与控制功能的基础上，利用 ILCS 可以改善智能产品的性能，还可以进行故障诊断。智能产品优化功能的设计流程如图 6－1 所示。其 ILCS 是非线性的，可以控制输入时滞、状态扰动和输出扰动。当期望轨迹确定后，选择闭环的 PD 型学习律来跟踪期望轨迹。如果控制变量、状态变量和输出变量在规定时间内有界，ILC 算法即是收敛的。对于优化功能，可以采用三角模糊数评价其成熟度，完善设计。

6.1.1 面向智能产品的 ILCS 设计

智能产品的优化功能以监测与控制功能为基础，通过 ILC 算法多次迭代

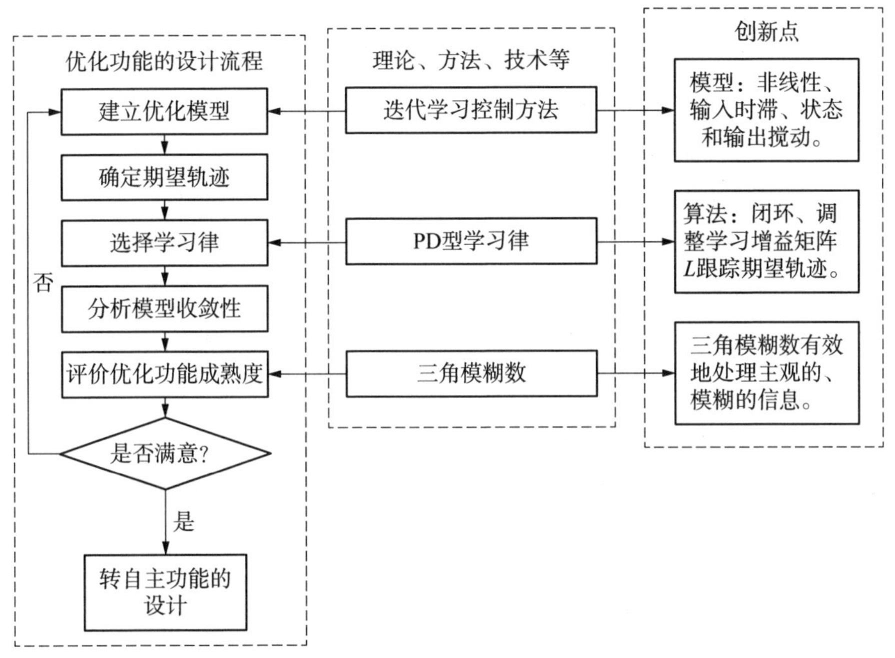

图 6－1　智能产品优化功能的设计流程

来实现。智能产品工作时，各项性能不一定是最优的。而 ILCS 寻找合适的控制输入，可以使智能产品的实际性能在时间[0，T]内逼近最优性能，从而达到优化的目的。ILCS 结构如图 6－2 所示，工作过程如下：

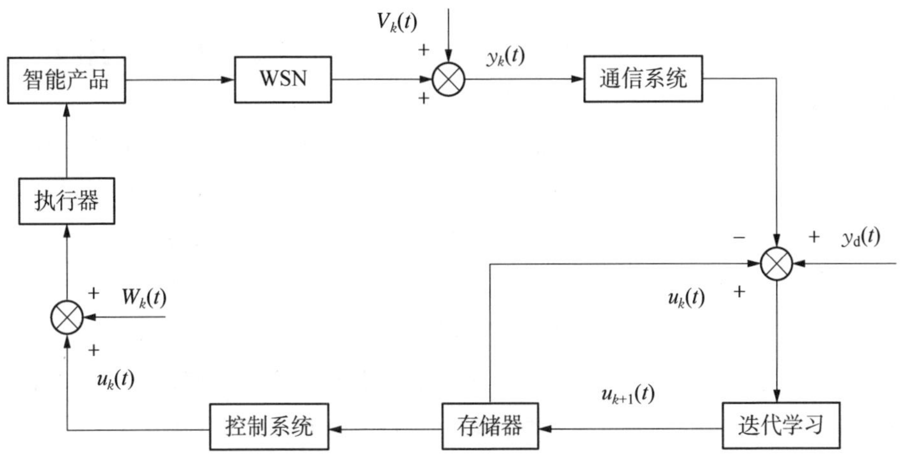

图 6－2　智能产品的 ILCS 结构

第一步，给定智能产品的期望轨迹 $y_d(t)$。在[0, T] 内，选取初始控制输入 $u_0(t)$、初始状态扰动 $w_0(t)$ 和初始输出扰动 $v_0(t)$。

第二步，确定智能产品的初始状态 $x_0(0)$ 和初始输出 $y_0(0)$。

第三步，将控制输入 $u_0(t)$、状态扰动 $w_0(t)$ 和输出扰动 $v_0(t)$ 作用于智能产品，得到实际输出为 $y_0(t)$，输出误差为 $e_0(t)=y_d(t)-y_0(t)$。

第四步，经迭代学习后，下次控制输入为 $u_1(t)$。

第五步，重复第二～四步，直到输出误差收敛在期望的范围内。

ILCS 比传统的反馈控制系统利用的信息要多。ILCS 既利用当次运行的控制输入 $u_k(t)$，又利用上一次运行的控制输入 $u_{k-1}(t)$，而传统的反馈控制系统仅仅利用当次运行的控制输入 $u_k(t)$。此外，控制输入 $u_k(t)$ 可以离线计算得到，也可以在线计算得到，储存器中新的控制输入 $u_{k+1}(t)$ 会刷新旧的控制输入 $u_k(t)$。

6.1.2　迭代学习控制算法及其收敛性分析

智能产品的 ILCS 是带有扰动的非线性时滞系统：

$$\dot{x}_k(t)=f[x_k(t),\ t]+\boldsymbol{B}u_k(t-\theta)+\omega_k(t) \tag{6-1}$$

$$y_k(t)=\boldsymbol{C}x_k(t)+\upsilon_k(t)$$

式中　$t\in[0,\ T]$；

k—— 迭代次数；

$u_k(t)\in R^p$、$x_k(t)\in R^m$、$y_k(t)\in R^n$ ——分别为系统的控制输入、状态和输出；

$w_k(t)\in R^m$ 和 $v_k(t)\in R^n$—— 分别为状态扰动和输出扰动；

$f(\cdot)$—— 具有一定维数的向量函数；

$\boldsymbol{B}$ 和 $\boldsymbol{C}$—— 相同维数的矩阵；

θ—— 控制时滞且 $\theta\geqslant 0$。

针对系统[式(6-1)]，存在如下假设：

假设 1：当 $w_k(t)=0$ 和 $v_k(t)=0$ 时，对于任意的有界期望轨迹 $y_d(t)$ 及初始状态 $x_d(0)$，存在唯一的有界控制输入 $u_d(t)$ 和状态 $x_d(t)$ 生成 $y_d(t)$。

$$\dot{x}_d(t)=f[x_d(t),\ t]+Bu_d(t-\theta) \tag{6-2}$$

$$y_{\rm d}(t) = Cx_{\rm d}(t)$$

假设 2:存在非负实数 ε_1、ε_2、ε_3，对任意 $k>0$ 和 $t\in[0, T]$，都满足 $\|\omega_k(t)\|\leqslant\varepsilon_1$、$\|\upsilon_k(t)\|\leqslant\varepsilon_2$ 及 $\|x_d(0)-x_k(0)\|\leqslant\varepsilon_3$。

假设 3:对任意 $x_1(t)$、$x_2(t)\in R^m$，非线性函数 $f(\cdot)$ 满足 Lipschitz 条件。

$$\|f[x_1(t), t]-f[x_2(t), t]\|\leqslant L_f\|x_1(t)-x_2(t)\| \tag{6-3}$$

式中　L_f——Lipschitz 常数。

智能产品的 ILCS 采用 PD 型学习律：

$$u_{k+1}(t) = u_k(t) + \boldsymbol{\Gamma}[\dot{e}_k(t+\theta) + \boldsymbol{L}e_k(t+\theta)] \tag{6-4}$$

式中　$t\in[-\theta, T-\theta]$，$e_k(t+\theta) = y_{\rm d}(t+\theta) - y_k(t+\theta)$；

$\boldsymbol{\Gamma}$、$\boldsymbol{L}\in\boldsymbol{R}^{p\times n}$ ——为学习增益矩阵。

如果学习增益矩阵 $\boldsymbol{\Gamma}$ 满足下列不等式：

$$\|I-\boldsymbol{\Gamma}CB\|\leqslant\rho<1 \tag{6-5}$$

则控制输入变量 $\|\Delta u_k(t)\|$、状态变量 $\|\Delta x_k(t)\|$ 及输出变量 $\|\Delta y_k(t)\|$ 在 $[0, T]$ 上一致有界。

下面来证明上述结论。

根据式(6-1)、式(6-2)和式(6-4)得出

$$\begin{aligned}\Delta u_{k+1}(t) &= u_d(t) - u_{k+1}(t) = \Delta u_k(t) - \boldsymbol{\Gamma}[\dot{e}_k(t+\theta) + \boldsymbol{L}e_k(t+\theta)]\\ &= (I-\boldsymbol{\Gamma}\mathrm{CB})\Delta u_k(t) - \boldsymbol{\Gamma}\mathrm{C}[f(x_d(t+\theta)) - f(x_k(t+\theta))] - \boldsymbol{\Gamma L}C\Delta x_k(t+\theta)\\ &\quad + \boldsymbol{\Gamma}C\omega_k(t+\theta) + \boldsymbol{\Gamma}(I+\boldsymbol{L})\upsilon_k(t+\theta)\end{aligned} \tag{6-6}$$

根据式(6-3)和式(6-6)得出

$$\begin{aligned}&\|\Delta u_{k+1}(t)\|\\ \leqslant &\|I-\boldsymbol{\Gamma}CB\|\|\Delta u_k(t)\| + \boldsymbol{\Gamma}(\boldsymbol{L}_fI+\boldsymbol{L})\mathrm{C}\|\Delta x_k(t+\theta)\| + \boldsymbol{\Gamma}\mathrm{C}\varepsilon_1 + \boldsymbol{\Gamma}(I+\boldsymbol{L})\varepsilon_2\end{aligned} \tag{6-7}$$

由式(6-1)得出

$$x_k(t+\theta) = x_k(0) + \int_{-\theta}^{t-\theta}[f(x_k(\tau+\theta)) + Bu_k(\tau) + \omega_k(\tau+\theta)]\mathrm{d}\tau \tag{6-8}$$

由式(6-2)得出

$$x_d(t+\theta)=x_d(0)+\int_{-\theta}^{t-\theta}[f(x_d(\tau+\theta))+Bu_d(\tau)]\mathrm{d}\tau \tag{6-9}$$

根据式(6-8)和式(6-9)得出

$$\Delta x_k(t+\theta)=[x_d(0)-x_k(0)]+\int_{-\theta}^{t-\theta}[f[x_d(\tau+\theta)]-f[x_k(\tau+\theta)]+B\Delta u_k(\tau)-\omega_k(\tau+\theta)]\mathrm{d}\tau \tag{6-10}$$

将式(6-10)代入式(6-7)中

$$\|\Delta u_{k+1}(t)\|\leqslant\|I-\boldsymbol{\Gamma}CB\|\|\Delta u_k(t)\|+\boldsymbol{\Gamma}(L_fI+\boldsymbol{L})\mathrm{CB}\int_{-\theta}^{t-\theta}e^{L_f(t-\tau)}\|\Delta u_k(\tau)\|\mathrm{d}\tau+\boldsymbol{\Gamma}[(L_f+1)I+L]\mathrm{C}\varepsilon_1+\boldsymbol{\Gamma}(I+\boldsymbol{L})\varepsilon_2+\boldsymbol{\Gamma}(L_fI+\boldsymbol{L})\mathrm{C}\varepsilon_3 \tag{6-11}$$

令 $\|\mathrm{h}(t)\|=\int_{-\theta}^{t-\theta}e^{L_f(t-\tau)}\|\Delta u_k(\tau)\|\mathrm{d}\tau$，代入式(6-11)中

$$\|\Delta u_{k+1}(t)\|\leqslant\|I-\boldsymbol{\Gamma}CB\|\|\Delta u_k(t)\|+\boldsymbol{\Gamma}(L_fI+\boldsymbol{L})\mathrm{CB}\|h(t)\|+\boldsymbol{\Gamma}[(L_f+1)I+\boldsymbol{L}]\mathrm{C}\varepsilon_1+\boldsymbol{\Gamma}(I+\boldsymbol{L})\varepsilon_2+\boldsymbol{\Gamma}(L_fI+\boldsymbol{L})\mathrm{C}\varepsilon_3 \tag{6-12}$$

式(6-12)两边都乘以 $e^{-\lambda(t-\theta)}$，得出

$$\|\Delta u_{k+1}(t)\|_\lambda\leqslant\|I-\boldsymbol{\Gamma}CB\|\|\Delta u_k(t)\|_\lambda+\boldsymbol{\Gamma}(L_fI+\boldsymbol{L})CB\|h(t)\|_\lambda+\varepsilon \tag{6-13}$$

式中，$\varepsilon=e^{-\lambda(t-\theta)}\{\boldsymbol{\Gamma}[(L_f+1)I+\boldsymbol{L}]\mathrm{C}\varepsilon_1+\boldsymbol{\Gamma}(I+\boldsymbol{L})\varepsilon_2+\boldsymbol{\Gamma}(L_fI+\boldsymbol{L})\mathrm{C}\varepsilon_3\}$。

当 $\lambda>L_f$ 时，得出

$$\|h(t)\|_\lambda\leqslant\frac{1-e^{(L_f-\lambda)T}}{\lambda-L_f}\|\Delta u_k(t)\|_\lambda \tag{6-14}$$

将式(6-14)代入式(6-13)中

$$\|\Delta u_{k+1}(t)\|_\lambda\leqslant\left[\|I-\boldsymbol{\Gamma}CB\|+\frac{1-e^{(L_f-\lambda)T}}{\lambda-L_f}\boldsymbol{\Gamma}(L_fI+\boldsymbol{L})CB\right]\|\Delta u_k(t)\|_\lambda+\varepsilon \tag{6-15}$$

令 $\alpha=\|I-\boldsymbol{\Gamma}\mathrm{CB}\|+\frac{1-e^{(L_f-\lambda)T}}{\lambda-L_f}\boldsymbol{\Gamma}(L_fI+\boldsymbol{L})CB<1$，得出

$$\lim_{k\to\infty}\|\Delta u_k(t)\|_\lambda\leqslant\frac{\varepsilon}{1-\alpha} \tag{6-16}$$

由式(6-16)得出

$$\lim_{k\to\infty}\sup_{t\in[0,\ T]}\|\Delta u_k(t)\|\leqslant\frac{\varepsilon e^{\lambda t}}{1-\alpha}\tag{6-17}$$

由式(6-10)得出

$$\|\Delta x_k(t+\theta)\|\leqslant B\int_{-\theta}^{t-\theta}e^{L_f(t-\tau)}\|\Delta u_k(\tau)\|\mathrm{d}\tau+\varepsilon_1+\varepsilon_3\tag{6-18}$$

式(6-18)两边都乘以 $e^{-\lambda(t-\theta)}$，得出

$$\|\Delta x_k(t+\theta)\|_\lambda\leqslant B\|h(t)\|_\lambda+e^{-\lambda(t-\theta)}(\varepsilon_1+\varepsilon_3)\tag{6-19}$$

当 $\lambda>L_f$ 时，得出

$$\|\Delta x_k(t+\theta)\|_\lambda\leqslant\frac{1-e^{(L_f-\lambda)T}}{\lambda-L_f}B\|\Delta u_k(t)\|_\lambda+\varepsilon\tag{6-20}$$

式中，$\varepsilon=e^{-\lambda(t-\theta)}(\varepsilon_3+\varepsilon_1)$。

将式(6-16)代入式(6-20)中，得

$$\lim_{k\to\infty}\|\Delta x_k(t+\theta)\|_\lambda\leqslant\beta+\varepsilon\tag{6-21}$$

式中，$\beta=\dfrac{1-e^{(L_f-\lambda)T}}{\lambda-L_f}\ \dfrac{\varepsilon}{1-\alpha}B$。

由式(6-21)得出

$$\lim_{k\to\infty}\sup_{t\in[0,\ T]}\|\Delta x_k(t)\|\leqslant e^{\lambda t}(\beta+\varepsilon)\tag{6-22}$$

根据式(6-1)和式(6-2)得出

$$\|\Delta y_k(t+\theta)\|\leqslant C\|\Delta x_k(t+\theta)\|+\varepsilon_2\tag{6-23}$$

将式(6-21)代入式(6-23)中，得

$$\lim_{k\to\infty}\|\Delta y_k(t+\theta)\|_\lambda\leqslant(\beta+\varepsilon)C+e^{-\lambda(t-\theta)}\varepsilon_2\tag{6-24}$$

由式(6-24)得出

$$\lim_{k\to\infty}\sup_{t\in[0,\ T]}\|\Delta y_k(t)\|\leqslant e^{\lambda t}(\beta+\varepsilon)C+e^{\lambda\theta}\varepsilon_2\tag{6-25}$$

根据式(6-17)、式(6-22)和式(6-25)可知，当 $k\to\infty$ 时，控制输入变量、状态变量和输出变量有界。特别指出，当 $\varepsilon_1=\varepsilon_2=\varepsilon_3=0$ 时，得出 $\lim\limits_{k\to\infty}\sup\limits_{t\in[0,\ T]}\|\Delta u_k(t)\|=0$、$\lim\limits_{k\to\infty}\sup\limits_{t\in[0,\ T]}\|\Delta x_k(t)\|=0$ 和 $\lim\limits_{k\to\infty}\sup\limits_{t\in[0,\ T]}\|\Delta y_k(t)\|=0$。因

此，智能产品的运动轨迹收敛到期望轨迹的领域内。

6.1.3 优化功能成熟度的评价方法

优化功能设计确定后，评价其成熟度来完善设计过程。根据智能产品的ILCS设计，总结优化功能的评价维度如下：

(1) 智能产品工作模型：ILCS模拟智能产品实际工作情况的程度。智能产品的工作系统绝大部分是非线性的，往往存在时滞、扰动和任意初态等。工作模型越逼近真实情况，优化越可靠。

(2) 轨迹优化算法：算法收敛性是衡量ILC算法是否成功的必要条件。只有ILC算法收敛了，智能产品的实际输出才可能越来越逼近最优解，并且在一定精度内得到最优解，达到优化的目的。

(3) 系统鲁棒性：系统在各种干扰下跟踪性能。干扰存在时，ILCS的输出能收敛到期望轨迹的邻域内；干扰消失时，系统的实际输出会收敛到期望轨迹上。

智能产品优化功能成熟度的各维度评价标准有：优化精度高、可靠性高、响应时间短。

同理，采用三角模糊数评价优化功能成熟度，其评价流程参考5.2.4小节内容。在分析评价结果时，提高不满意的优化功能设计，并且要保证提高的优化功能可以实现，还要考虑出票成本与客户价值。

6.2 自主功能的设计技术

自主是智能产品的最后一项功能，由ANFIS和多智能体系统合作实现(图6-3)。ANFIS处理来自监测、控制和优化功能的信息，并将处理完的信息传递给多智能体系统。多智能体系统分配信息，利用知识库和Q学习算法进行决策分析，实现自主功能。三角模糊数评价自主功能成熟度，完善其设计。

6.2.1 面向智能产品的ANFIS设计

自主功能的实现首先要处理来自监测、控制和优化功能的信息，这是一个多输入多输出(MIMO)的过程。

$$R = A \times B \times C \rightarrow D$$

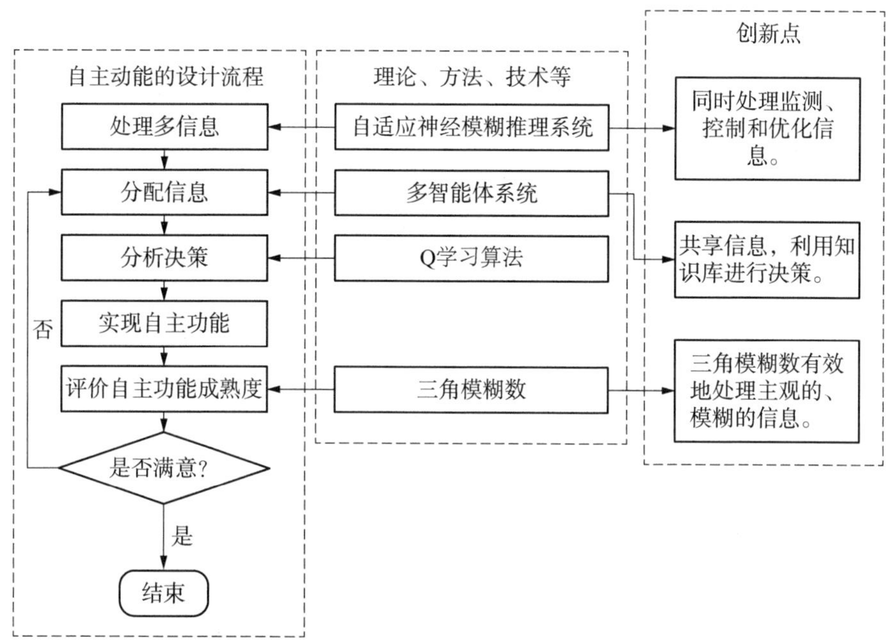

图 6-3　智能产品自主功能的设计流程

$$=\{[A_1 \times B_1 \times C_1 \rightarrow D_1], [A_2 \times B_2 \times C_2 \rightarrow D_2], \cdots, [A_m \times B_m \times C_m \rightarrow D_m]\} \tag{6-26}$$

式中　A——监测信息；

B——控制信息；

C——优化信息。

由式(6-26)可知，规则库包含 m 条规则，而每条规则又以多输入单输出(MISO)的形式存在。由于 m 条规则是相互独立的，可将多输入多输出过程分解为 m 个多输入单输出过程。

考虑到神经网络的自主学习和模糊系统的模糊推理等优势，ANFIS 利用反向传播算法或反向传播算法和最小二乘法的混合算法对输入输出数据对进行学习，自主获取模糊隶属度函数和模糊规则，使得构造的模糊推理系统(如 Takagi-Sugeno 模型)能更好地模拟实际输入输出关系。在学习过程中，计算实际输出值和目标值之间的误差，通过误差反向传播对系统参数进行调整，直到满足系统误差结束。因此，采用 ANFIS 可以解决自主功能中的多输入问题(图 6-4)。

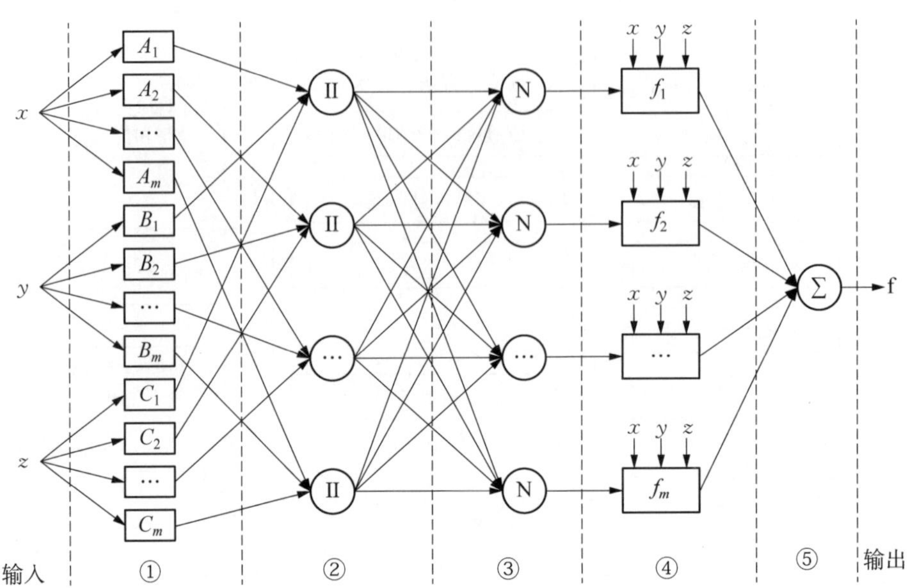

图 6-4 智能产品的 ANFIS 结构

第一层，输入信息模糊化。

任意节点 i 的输出函数为

$$O_i^1=\mu_{A_i}(x),\ O_i^1=\mu_{B_i}(y),\ O_i^1=\mu_{C_i}(z) \tag{6-27}$$

式中 x、y、z——分别为输入的监测、控制、优化信息；

A_i、B_i、C_i——分别为监测、控制、优化的模糊集；

O_1^i——A_i、B_i 或C_i 的隶属函数值，也就是x、y、z 分别属于A_i、B_i、C_i 的程度；

μ——隶属度函数，通常选高斯函数或钟形函数，最大值为 1，最小值为 0。

以"智能扫地机器人"为例，部分输入信息见表 6-1。

表 6-1 智能扫地机器人部分输入信息

输入信息		较小	小	一般	大	较大
监测	房间面积	60 m^2	80 m^2	100 m^2	120 m^2	150 m^2
控制	功率	600 Pa	600 Pa	600 Pa	1 000 Pa	1 000 Pa
	电量	20%	30%	50%	80%	90%

（续表）

输入信息		较小	小	一般	大	较大
优化	速度	0.07 m/s	0.1 m/s	0.15 m/s	0.2 m/s	0.3 m/s
	角度偏移	0°	0.5°	1°	3°	4°

第二层，输入信号相乘。

将输入信号相乘，计算规则的可信度：

$$\omega_i = \mu_{A_i}(x) \times \mu_{B_i}(y) \times \mu_{C_i}(z) \tag{6-28}$$

式中 ω_i——第 i 条规则的可信度；

"×"——任何满足 T 规范的 AND 算子。

第三层，规则强度的标准化。

对每条规则强度进行标准化：

$$\bar{\omega}_i = \frac{\omega_i}{\sum_{i=1}^{m} \omega_i} \tag{6-29}$$

第四层，计算节点的输出。

该层的每个节点具有自适应的能力，可以通过自主学习自动调整结论参数：

$$O_i^4 = \bar{\omega}_i f_i = \bar{\omega}_i (p_i x + q_i y + t_i z + r_i) \tag{6-30}$$

式中 $\{p_i, q_i, t_i, r_i\}$——第 i 个节点的结论参数。

第五层，计算总输出。

该层总输出为

$$O^5 = \sum_{i=1}^{m} \bar{\omega}_i f_i = \frac{\sum_{i=1}^{m} \omega_i f_i}{\sum_{i=1}^{m} \omega_i} \tag{6-31}$$

6.2.2 面向智能产品的多智能体系统设计

关于智能体的概念，目前国际上还没有统一的定义。现有的研究指出智能体具有自治、学习、推理、协作等特征，能快速响应外界的变化，自主地采取行动满足目标要求。通常，智能体的体系结构包括慎思结构、反应结构和混合结构三种。慎思智能体具有学习和推理的能力，反应智能体强调与环境的交互并做出响应，混合智能体兼顾反应智能体和慎思智能体的优势。因此，本书结合慎思结构、反应结构和混合结构三种体系结构的智能体进行交互、学习和推理，实现多智能体系统设计。

多智能体可以处理来自 ANFIS 的信息，智能决策后实现自主功能。单个智能体只能处理一小部分来自 ANFIS 的信息；多个智能体可以通过协作处理监测、控制和优化信息，自主完成智能产品发出的各项任务。多智能体的工作过程分为两个阶段：信息识别和智能决策，如图 6－5 所示。

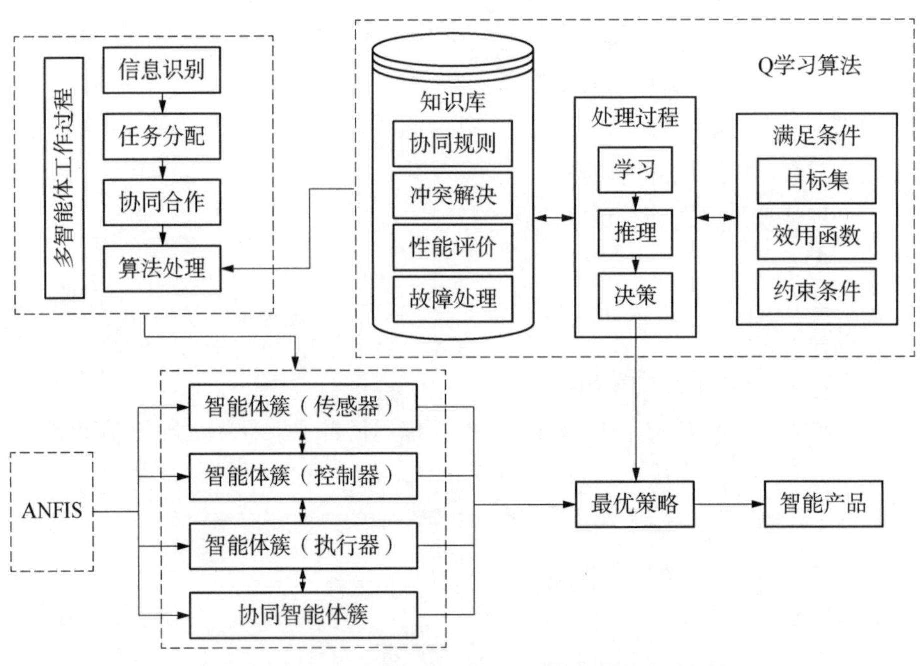

图 6－5 基于 Q 学习算法的多智能体系统决策过程

1）信息识别

智能体簇识别的信息有来自 ANFIS 的监测、控制和优化信息，以及簇内、簇外交互的信息。当智能产品工作时，传感器负责监测产品状态和环境变化，自整定模糊 PID 负责控制产品各项功能，ILC 算法可以优化产品各项性能。这些过程产生的信息是智能决策的关键，需要将其识别和接受。此外，智能体簇还要识别其他智能体簇传递的信息，这些信息都是经过决策后再传递的。智能体簇内信息的交互也很重要，能够协同地完成智能产品发出的指令。总之，ANFIS 传递的信息是原始信息，也是智能决策的关键信息；簇内、簇外的信息是多智能体处理原始信息的结果，协助智能产品实现自主功能。

2）智能决策

智能决策是多智能体的核心内容，分为任务分配、协同机制和算法处理三个过程。

任务分配：在某段工作时间内，综合考虑任务的复杂性、信息量的多少及智能产品的响应时间等，确定启动智能体的数量和类型。如果将任务分配给很多的智能体，即启动过多的智能体，多智能体自组织结构复杂，会导致信息交互和决策过程缓慢，不利于智能产品工作；如果启动较少的智能体，一方面少量的智能体难以完成任务，另一方面每个智能体的工作都很关键，一旦出现故障就会导致决策终止。任务的分配还要考虑智能体的类型。反应智能体负责与外界交流，其结构简单、容易实现；慎思智能体负责决策，也就是根据任务和信息做出决策，是使用最多的一种智能体；混合智能体与外界交流后进行决策，功能强大，但结构复杂、不易实现。所以，智能产品任务要结合实际情况分配给多智能体。

协同机制：当智能决策时，需要多个簇内簇外的智能体协同合作完成。因此，有必要建立合适的协同机制。例如，三个智能体 A、B、C，其中 B 工作分三步完成，而 A 的输出是 B 的输入，C 是 B 第二步中的部分输入。它们之间的协同机制为 A 的工作时间必须先于 B，B 和 C 的工作时间视具体情况而定，可以同时工作或 C 略晚于 B。

算法处理：为了从宏观上有效地控制多智能体的决策，可以利用知识库（包括故障处理、冲突解决和性能评价等知识）和已有条件（如目标集、效用函数和约束条件等）让智能体进行强化学习（reinforcement learning，RL），进而使智能体智能决策。在强化学习中，智能体能够感知当前环境状态 s，选择并执行一个动作 a，使环境状态发生变化，出现新的环境状态，同时产生一个回报值 r 反馈给智能体，智能体根据回报值 r 不断调整动作。调整原则是某动作使环境对智能体产生奖赏，智能体后续会强化这个动作，反之会弱化。Q 学习算法是强化学习的一个重要里程碑，它是一种与模型无关的强化学习算法。在 Q 学习算法过程中，智能体不需要评价环境模型，直接评价状态-动作对的值，即 $Q(s, a)$值即可。$Q(s, a)$表示在状态 s 下执行动作 a，及采取后续策略的折扣奖赏和的期望。Q 学习算法的目标是通过对状态-动作对的值函数（Value Function）进行学习得到最优策略，算法流程见表 6-2。

表 6-2　Q 学习算法流程

Q学习算法流程
输入：$Q(s, a)$值 输出：最优策略 开始 步骤 1：初始化 $Q(s, a)$值； 步骤 2：智能体感知 t 时刻的环境状态 s； 步骤 3：根据某种策略 π，智能体选择一个动作 a，为状态 s 到动作 a 映射的学习做准备； 步骤 4：执行动作 a，出现新的环境状态 s'，并产生回报值 r_t； 步骤 5：智能体根据回报值 r_t 更新 Q 值，$Q_{t+1}(s, a) \leftarrow (1-\alpha)Q_t(s, a)+\alpha[r_t+\gamma\max\limits_{a'} Q_t(s', a')]$，式中，$\alpha$ 为学习率 $(0 \leqslant \alpha < 1)$；γ 为折扣因子$(0 \leqslant \gamma < 1)$； 步骤 6：如果智能体访问到目标状态或满足结束条件时结束，否则转到步骤 3 进行下一个时刻$(t+1)$的学习。 结束

6.2.3　自主功能成熟度的评价方法

自主功能设计结束后，需要评价其成熟度来确定完整的方案，指导后续的设计。综合 ANFIS 和多智能体系统的设计，归纳出自主功能评价维度有：

(1) 自主工作。是区别智能产品与传统产品的一个关键特征。自主工作是指智能产品接受工作信号后，能自动工作，不需要额外的人为干涉，还可以根据外界变化自动调节，使工作状态最佳。

(2) 协调配合。智能产品通常是系统中的一员，不仅需要与其他产品协调，还要与跨界的系统协调。这样，智能产品可以充分利用外界的资源，提高自主工作能力及整体智能化水平。

(3) 自主强化性能。综合监测、控制和优化信息，智能产品决策分析后确定跟踪轨迹，多次迭代学习后使工作性能逼近最优性能。在学习过程中，智能产品可以根据外界变化自动调整工作。

(4) 故障诊断及服务。利用知识库、智能决策及自主调整能力，智能产品能自动诊断故障，并对故障进行分析，从历史数据中检索与故障有关的记录，确定最优的方案，解决故障。

智能产品自主功能各维度的成熟度评价标准：智能化程度高、协调能力强、服务水平高。

类似地，采用三角模糊数评价自主功能成熟度，参考 5.2.4 小节的评价流程。评价完成后，要对评价结果进行分析。针对不满意的设计，需要提高自主水平。

6.3　智能产品系统集成设计

智能产品的功能设计确定后，集成各个系统形成一个整体(图 6-6)。

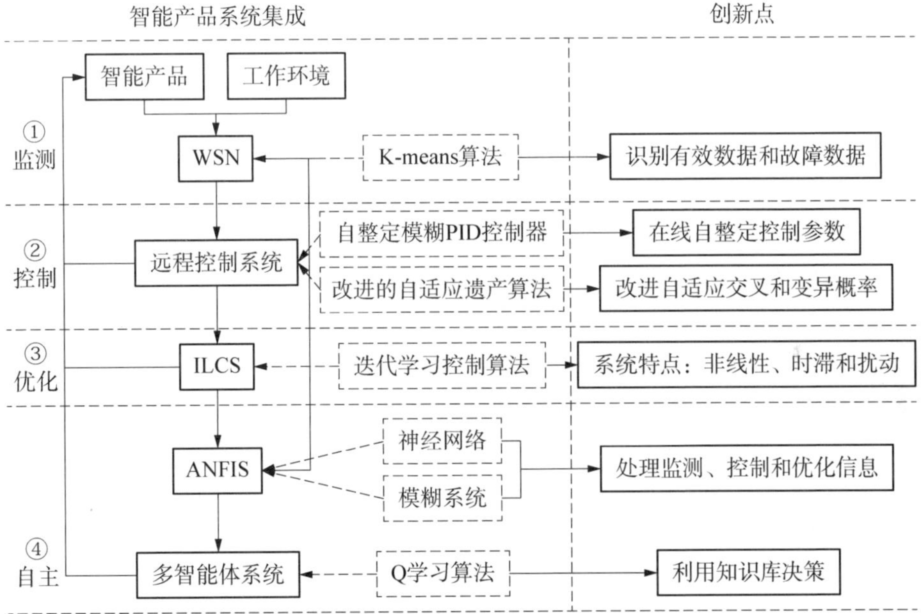

图 6-6　智能产品系统集成过程

在监测功能设计中，WSN 用来监测智能产品的状态和工作环境的变化，但不能作用于智能产品，所以是开环单向流。此外，监测数据经 K-means 算法聚类融合后可以识别有效数据和故障数据，有效数据对外传输，故障数据诊断后采取措施处理。

在控制功能设计中，模糊控制系统中的自整定模糊 PID 控制器在监测功能的基础上，可以远程控制智能产品的各项功能，形成闭环，并为用户提供个性化体验。改进自适应遗传算法可以用来优化模糊控制规则，缩短模糊 PID 控制器整定时间。

在优化功能设计中，利用监测和控制功能，设计带有时滞和扰动的非线性

ILCS 能够提升智能产品的性能，还可以进行故障诊断和服务。

在自主功能设计中，ANFIS 与多智能体系统利用监测、控制和优化功能来实现自主功能。ANFIS 结合神经网络的自主学习和模糊系统的推理能力，处理来自监测、控制和优化的信息，并将处理后的信息传给多智能体系统。多智能体系统可以借助知识库和 Q 学习算法强化学习，寻找最优策略，驱动智能产品自主工作、与其他系统配合、自动提升性能及故障诊断和服务。

智能产品系统集成后，各系统的输入输出如图 6－7 所示。

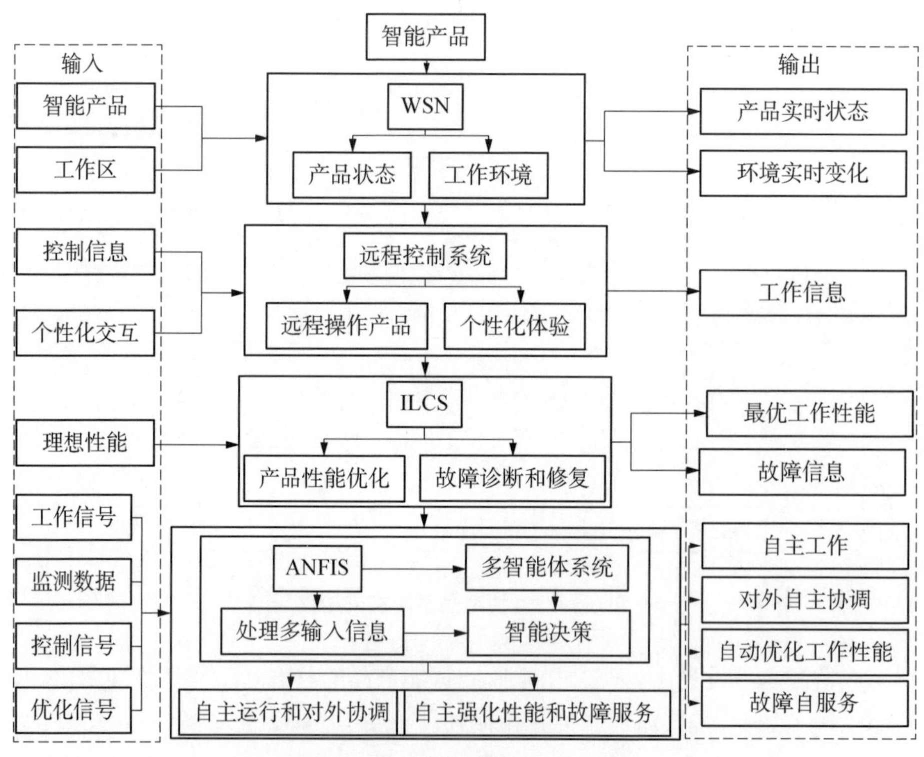

图 6－7　智能产品的多输入多输出

在 WSN 中，输入是工作的智能产品和工作环境经传感器监测后，输出智能产品的实时工作状态和环境实时变化。

在远程控制系统中，可以选择个性化输入控制信息，自整定模糊 PID 控制器远程操作智能产品功能，输出是工作信息。

在 ILCS 中，输入理想性能，经多次迭代后，输出为最优工作性能。一旦故障发生，则输出故障信息。

在 ANFIS 和多智能体系统中，输入包括工作信号、监测数据、控制信号及优化信息，处理这些信息后，输出有自主工作、对外自主协调、自动优化工作性能及故障自服务等。

第7章 面向客户价值的智能冰箱概念设计

为了进一步系统地验证智能产品概念设计方法的有效性，本章以家用冰箱为例，将智能产品概念设计方法应用于智能冰箱概念设计，其中主要包括智能冰箱的客户需求识别与分析，客户需求转换为技术属性，智能冰箱的监测、控制、优化与自主功能设计等几个阶段的设计。

7.1 设计背景

为了提高家用冰箱的市场竞争力，一些先进技术，如大数据分析、云计算、互联网等，正在积极地被家用冰箱产品所应用，实现传统冰箱向智能冰箱的转型。与传统冰箱相比，智能冰箱能够保证食物干湿分储与风冷无霜，始终让食物保持最佳状态。而且一些相关企业投入巨大资金，以使关联智能冰箱与多个购物平台，客户可以快速采购食物、获取海量菜谱、灵活搭配食材等，通过烹饪智能冰箱中的食物，尽情享受美食。此外，智能冰箱能感知制冷室的温度，智能地调节保鲜温度，节能更静音。总之，智能冰箱不仅能智能控制制冷室中的温度，还能对冰箱中的食材进行智能化管理。

智能冰箱概念设计以客户需求为源头，以实现智能冰箱监测、控制、优化与自主功能为目标进行研究。客户提出对智能冰箱的需求，便于后续享受定制的智能冰箱带来的客户价值；其他利益相关者针对客户需求设计智能冰箱，并为此付出成本，通过差价获取利润。智能冰箱具有四项功能，即监测、控制、优化和自主功能。本章以某知名家电企业的智能冰箱概念设计为例，对本书提出的理论与方法展开示例验证。

7.2　基于客户价值最大化的智能冰箱需求识别与分析

在利益相关者利润最大化的基础上确定智能冰箱的客户需求与功能需求。采用 Kano 模型分析智能冰箱的客户需求；在公理设计中，根据客户需求与功能需求的一一对应关系，识别出智能冰箱的功能需求；通过其他利益相关者要价与客户出价的博弈，均衡利益相关者利润后，确定智能冰箱的客户需求与功能需求。

7.2.1　智能冰箱的客户需求分析

该家电企业研制冰箱有 30 多年的历史，特别是其中一支庞大的研发团队（约 100 余人）一直致力于冰箱的研发。从传统冰箱发展到智能冰箱的过程中，该企业收集了大量的客户需求。采用 Kano 模型对智能冰箱的客户需求进行分析，见表 7－1。

表 7－1　智能冰箱的客户需求

客户需求类型	关 键 内 容
基本型	CR_{11}：监测智能冰箱中食物的温度
	CR_{12}：食物保质期到了，及时发出通知
期望型	CR_{21}：控制面板或 App 操作智能冰箱
	CR_{22}：定制智能冰箱内部结构
	CR_{23}：根据食物特征分开储存，保持原味
	CR_{24}：诊断故障，及时修复
兴奋型	CR_{31}：各区域独立自主工作
	CR_{32}：感知内外温度变化，自动调节
	CR_{33}：自动提高智能冰箱的性能
	CR_{34}：企业主动诊断故障并提供服务

在基本型客户需求中，客户要求智能冰箱监测食物的温度，让食物的状态随时满足客户需要。如果智能冰箱中食物状态（如保质期）有问题，数据库会及时通知客户。

在期望型客户需求中，客户通过智能冰箱的控制面板操作智能冰箱，也可以使用 App 调节温度和掌控食物。根据客户要求，定制智能冰箱内部结构，包括抽屉、搁物架、瓶座等位置和大小。为了让食物保持原味，设计了冷藏室、冷冻室和变温室，干湿分储，不串味。当智能冰箱出现故障时，企业诊断后可以及时修复，使其继续工作。

在兴奋型客户需求中，智能冰箱启动后，各区域独立循环工作，按需分配冷量，快速均匀制冷，使食物无霜更新鲜。这些区域协调配合，感知内外温度变化，自动调节温度，节能环保。利用先进技术，自动提高智能冰箱的性能，如保鲜效果、食材管理、视频娱乐等。企业主动跟踪智能冰箱工作，自主诊断故障并提供服务。

7.2.2　智能冰箱的功能需求识别

运用公理设计识别出功能需求满足表 7-1 中的客户需求，见表 7-2。

表 7-2　智能冰箱的功能需求

功能需求类型		关键内容
基本型	监测功能	FR_{11}：监测制冷温度
		FR_{12}：向客户发送食物问题(食物变坏)
期望型	控制功能	FR_{21}：手机控制智能冰箱
		FR_{22}：个性化定制智能冰箱
	优化功能	FR_{23}：通过优化算法提高保鲜效果
		FR_{24}：实时诊断故障并解决
兴奋型	自主功能	FR_{31}：各区域自主工作，智能分配制冷量
		FR_{32}：电脑控温，自动调节
		FR_{33}：软硬件升级自动提高智能冰箱工作性能
		FR_{34}：故障预测，远程诊断并维修

在基本型功能需求中，智能冰箱能够监测制冷室的温度，保证食物状态最佳，并利用数据库信息，将食物变坏的消息通知客户。

在期望型功能需求中，App 通过网络可以远程调节智能冰箱，掌控食材状态。根据客户饮食爱好及食物特征设计智能冰箱内部结构，如喜欢冷饮，设计冷冻室;青菜一般放置高温区。优化算法规划工作路径,保证每个区域的状态最佳,这样不仅节能,还能使食物新鲜。智能冰箱出现噪声过大,不能正常工作时,需要诊断故障,及时修复。

在兴奋型功能需求中,智能冰箱根据每个区域特点及储存的食物,智能地分配冷量,保持食物新鲜。电脑控制温度,比较智能冰箱内部和外界的温度,自动调节内部温度。升级软件或硬件,提高智能冰箱的工作性能,如加强敏感性分析,使食物更新鲜;增加食物来源,扩大食物种类。企业将智能冰箱与数据库关联,可以预测故障,及时诊断并提供服务。

7.2.3　智能冰箱的价值博弈分析

智能冰箱的价值博弈分析分为识别产品成本与客户价值、其他利益相关者要价与客户出价博弈、评价产品成本与客户价值三个阶段,最后确定智能冰箱的客户需求与功能需求。

1) 识别产品成本与客户价值

该家电企业的五位关键专家用语言变量评价产品成本的重要度及实际消耗成本(表 7-3),五位关键客户用语言变量评价客户价值的重要度及实际获取价值(表 7-4)。

表 7-3　智能冰箱成本重要度和实际消耗成本的语言变量评价

产品成本	重要度	实际消耗成本
c_1	M, H, H, M, H	L, L, L, L, L
c_2	L, L, M, L, L	VL, L, L, VL, L
c_3	M, M, L, H, M	VL, VL, L, VL, L
c_4	M, M, H, M, M	L, L, L, M, L
c_5	L, M, L, L, M	L, L, VL, L, L
c_6	L, L, L, L, L	M, L, L, M, L
c_7	H, M, M, H, M	H, M, H, M, H
c_8	M, M, M, L, M	L, M, M, M, M
c_9	L, VL, L, L, VL	M, M, M, M, M
c_{10}	M, L, M, M, L	M, H, M, M, H

表 7-4 智能冰箱价值重要度和实际获取价值的语言变量评价

客户价值	重要度	实际获取价值
υ_1	H, M, H, H, H	H, H, VH, H, VH
υ_2	L, L, M, L, L	M, H, M, M, M
υ_3	M, M, L, M, H	M, H, M, H, M
υ_4	M, H, M, H, M	H, H, H, VH, H
υ_5	L, M, M, M, L	M, M, M, M, M
υ_6	L, L, L, VL, L	M, L, L, M, L
υ_7	H, H, H, H, H	H, VH, H, VH, VH
υ_8	M, L, L, M, L	L, M, M, L, M
υ_9	VL, L, VL, L, VL	M, L, L, L, L
υ_{10}	L, M, M, M, M	H, H, H, H, H

将语言变量转化为对称三角模糊数后，利用式(3-3)、式(3-4)和表 7-3、表 7-4，计算平均的产品成本重要度、实际消耗成本及客户价值重要度、实际获取价值。然后根据式(3-5)和式(3-6)，标准化产品成本重要度、实际消耗成本及客户价值重要度、实际获取价值，见表 7-5。

表 7-5 智能冰箱成本重要度、实际消耗成本及价值重要度、实际获取价值的标准化

功能需求	产品成本	重要度	实际消耗成本	客户价值	重要度	实际获取价值
FR_{11}	c_1	[0.52, 0.72]	[0.20, 0.40]	υ_1	[0.56, 0.76]	[0.68, 0.88]
FR_{12}	c_2	[0.24, 0.44]	[0.12, 0.32]	υ_2	[0.24, 0.44]	[0.44, 0.64]
FR_{21}	c_3	[0.40, 0.60]	[0.08, 0.28]	υ_3	[0.40, 0.60]	[0.48, 0.68]
FR_{22}	c_4	[0.44, 0.64]	[0.24, 0.44]	υ_4	[0.48, 0.68]	[0.64, 0.84]
FR_{23}	c_5	[0.28, 0.48]	[0.16, 0.36]	υ_5	[0.32, 0.52]	[0.40, 0.60]
FR_{24}	c_6	[0.20, 0.40]	[0.28, 0.48]	υ_6	[0.16, 0.36]	[0.28, 0.48]
FR_{31}	c_7	[0.48, 0.68]	[0.52, 0.72]	υ_7	[0.60, 0.80]	[0.72, 0.92]
FR_{32}	c_8	[0.36, 0.56]	[0.36, 0.56]	υ_8	[0.28, 0.48]	[0.32, 0.52]
FR_{33}	c_9	[0.12, 0.32]	[0.40, 0.60]	υ_9	[0.08, 0.28]	[0.24, 0.44]
FR_{34}	c_{10}	[0.32, 0.52]	[0.48, 0.68]	υ_{10}	[0.36, 0.56]	[0.60, 0.80]

结合式(3－7)～式(4－10)及表 7－5，计算出其他利益相关者为研制智能冰箱付出的总成本为 0.406，客户使用智能冰箱获取的总价值为 0.665。

2）其他利益相关者要价与客户出价的博弈

在市场信息不完全的情况下，分析其他利益相关者要价与客户出价的博弈。考虑贝叶斯线性策略的均衡，总成本 0.406 和总价值 0.665 满足第 8 章图 8－4 中的交易区域要求，智能冰箱的交易能发生。根据第 8 章式(8－13)，计算其他利益相关者要价为 0.521，客户出价为 0.527，交易价为 0.524。因此，确定其他利益相关者利润为 0.118，客户利润为 0.141。

下面举例来说明计算过程。某型号的智能冰箱售价为 4 000 元，其他利益相关者要价为 3 977 元，客户出价为 4 023 元；其他利益相关者付出成本为 3 099 元，客户获取价值为 5 076 元；其他利益相关者利润为 901 元，客户利润为 1 076 元。

3）评价产品成本与客户价值

由表 7－5 可知，产品成本的排序为：$c_7 > c_{10} > c_8 > c_1 > c_4 > c_6 > c_9 > c_5 > c_3 > c_2$，客户价值的排序为：$v_7 > v_1 > v_4 > v_{10} > v_3 > v_5 > v_2 > v_8 > v_6 > v_9$。其他利益相关者经过讨论后确认产品成本排序没问题，客户也认可该客户价值排序，各利益相关者对智能冰箱的交易达成一致后，进一步确定智能冰箱的客户需求与功能需求。此外，在智能冰箱后续概念设计中，各区域自主工作(FR_{31})和故障自诊断与自服务(FR_{34})要重点研究；软硬件升级自动提高智能冰箱工作性能(FR_{33})和向客户发送食物问题(FR_{12})要以较低的成本研究。

7.3　智能冰箱的客户需求向技术属性转化

智能冰箱的客户需求转化为技术属性的过程如下：首先根据功能需求识别出技术属性，然后评价技术属性的重要度，最后解决技术属性之间的冲突。

7.3.1　智能冰箱的技术属性识别

智能冰箱的技术属性识别分三步完成：根据功能需求识别出技术属性集；运用层次分类法将技术属性集分类成具有层次结构关系的技术属性；比较智能冰箱的技术属性与其他企业冰箱的技术属性，分析智能冰箱技术属性的可行性。

1）识别智能冰箱的技术属性集

考虑智能冰箱的功能需求及该家电企业现有的技术条件，确定智能冰箱的技术属性集，见表 7－6。

表 7－6 智能冰箱的技术属性集

功能需求	技术属性
FR_{11}	20 个传感器组成 WSN，监测三个制冷室的温度
FR_{12}	数据融合技术：识别有效数据和故障数据，并对外传递
	指示灯：显示故障信息
FR_{21}	控制面板：通过触屏的方式操作智能冰箱
	手机操作：手机利用网络控制智能冰箱
FR_{22}	三个储存室：冷藏室、冷冻室和变温室
	两个区：高温区和干燥区
FR_{23}	迭代学习控制算法：各区域在短时间内独立工作
FR_{24}	上门服务：工作人员记录智能冰箱数据，便于下次使用
FR_{31}	三套制冷系统保证三个室独立自主工作
FR_{32}	电脑控温：根据内外温度变化，自动调节内部温度
FR_{33}	数据接口：共享软件升级和食物信息
FR_{34}	关联数据库：利用已有数据预测故障，远程诊断并提供服务

2）分类技术属性集

利用层次分类法分类智能冰箱的技术属性集，如图 7－1 所示。无线传感器网络中的智能传感器监测智能冰箱中食物的温度；K-means 算法分析监测数据，通过指示灯或手机通知客户。改进的自适应遗传算法优化模糊 PID 控制器，结合电气系统，便于控制面板或手机操作。冷藏室、冷冻室及变温室中的抽屉、搁物架、瓶座可以根据客户需求进行设计，客户还可以利用多媒体资源定制食谱。芯片中的迭代学习控制算法优化智能冰箱的制冷路径，均匀制冷。服务人员根据已有的故障记录寻找原因，快速解决故障。三套制冷系统使冷藏室、冷冻室及变温室独立自主工作，而自适应神经模糊推理系统及多智能体系统强化自主化程度。电脑可以根据箱体内外的温度变化自动调节室内温度，节能环保。通过多媒体中的数据接口优化软件或算法，提高智能冰箱的制冷效果。关联智能冰箱与企业数据库，远程预测故障并诊断及解决。

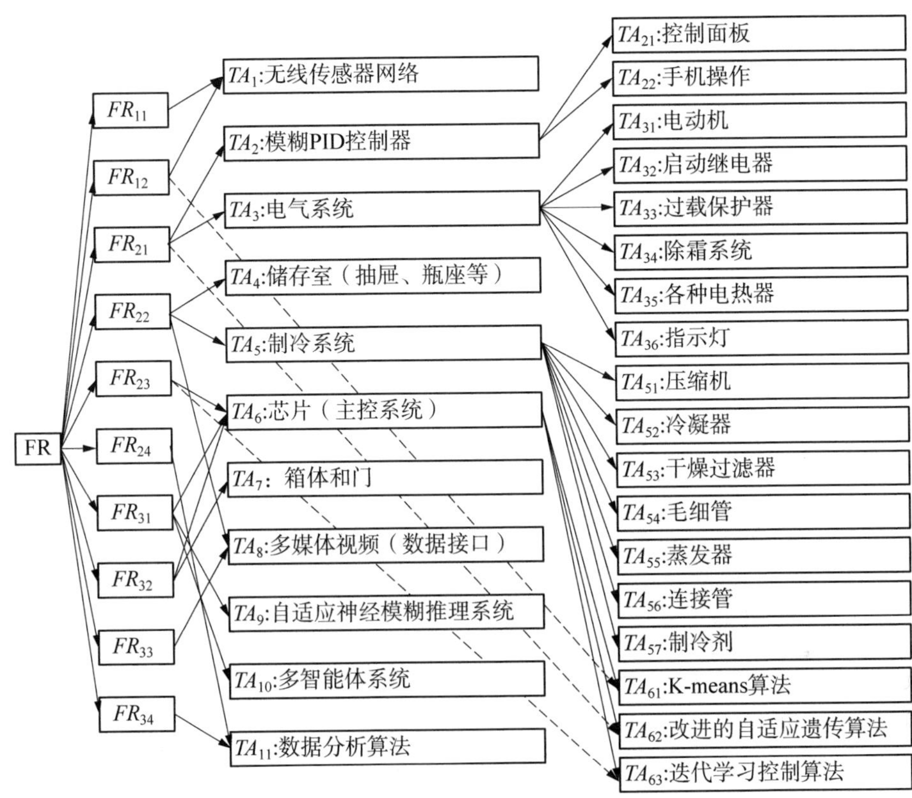

图 7－1　智能冰箱技术属性层次结构

3）分析智能冰箱技术属性的可行性

为了分析该家电企业智能冰箱技术属性的可行性，将智能冰箱的技术属性与海尔、美的及 SIEMENS(西门子)冰箱的技术属性进行对比，结果见表 7－7。在所有的技术属性中，除了 TA_9 和 TA_{10} 外，其他技术属性均已实现。智能冰箱可以利用 TA_9 和 TA_{10} 自动制定制冷路径，让食物在最佳温度中保鲜。

表 7－7　智能冰箱与其他冰箱的技术属性对比

技术属性	海尔	美的	SIEMENS
TA_1	√	√	√
TA_2	√	√	无 App 操作
TA_3	√	√	√

（续表）

技术属性	海尔	美的	SIEMENS
TA_4	√	√	√
TA_5	√	√	√
TA_6	√	√	√
TA_7	√	√	√
TA_8	√	√	×
TA_9	×	×	×
TA_{10}	×	×	×
TA_{11}	√	√	×

7.3.2 智能冰箱的技术属性重要度评价

在模糊 QFD 中，采用改进的模糊 TOPSIS 评价智能冰箱技术属性的重要度。

类似地，五位关键客户用语言变量评价客户需求的重要度（表 7-8）。为了简化计算，用技术属性代表基本技术属性，并邀请五位关键专家用语言变量评价客户需求与技术属性关系（表 7-9）。

表 7-8 语言变量评价客户需求重要度

客户需求	CR_{11}	CR_{12}	CR_{21}	CR_{22}	CR_{23}
重要度	VH, H, H, VH, VH	L, M, M, L, L	VH, H, H, VH, H	H, H, M, H, H	M, M, H, M, L
客户需求	CR_{24}	CR_{31}	CR_{32}	CR_{33}	CR_{34}
重要度	M, L, L, L, L	H, H, H, H, H	M, M, M, L, M	M, L, L, VL, L	M, H, H, M, M

将表 7-8 和表 7-9 中的语言变量转化为对称三角模糊数后，根据式（4-3）～式（4-7）计算加权标准化的 $CR-TA$ 关系矩阵，见表 7-10。

表 7-9　语言变量评价 *CR*-*TA* 关系

客户需求	技术属性					
	TA_1	TA_2	TA_3	TA_4	TA_5	TA_6
CR_{11}	M，S，M，M，M					M，W，W，M，W
CR_{12}	W，W，M，W，M	M，M，W，M，S				S，M，S，S，S
CR_{21}		VS，VS，VS，VS，S	S，VS，S，S，VS		S，S，VS，S，S	VS，S，S，VS，S
CR_{22}				S，S，VS，S，VS	VS，S，S，VS，S	
CR_{23}			S，M，S，M，S	W，W，M，W，W	M，S，M，M，S	VS，VS，S，S，VS
CR_{24}						M，W，W，VW，W
CR_{31}			VS，S，S，S，S		S，S，S，S，S	S，S，S，VS，S
CR_{32}		S，M，S，S，S				S，VS，S，S，M
CR_{33}						S，M，S，M，S
CR_{34}						M，S，M，M，W

客户需求	技术属性				
	TA_7	TA_8	TA_9	TA_{10}	TA_{11}
CR_{11}					
CR_{12}					
CR_{21}					
CR_{22}		S，M，S，VS，S			
CR_{23}					
CR_{24}					W，W，W，VW，W
CR_{31}			W，VW，VW，W，W	W，W，M，W，VW	
CR_{32}	W，M，M，S，M				
CR_{33}		VS，S，VS，S，S			
CR_{34}					M，W，M，M，M

表 7-10 加权标准化的 CR-TA 关系矩阵

客户需求	技术属性					
	TA_1	TA_2	TA_3	TA_4	TA_5	TA_6
CR_{11}	[0.3168, 0.5888]					[0.2016, 0.4416]
CR_{12}	[0.0784, 0.2304]	[0.1120, 0.2880]				[0.1568, 0.3648]
CR_{21}		[0.5168, 0.8448]	[0.4624, 0.7744]		[0.4352, 0.7392]	[0.4624, 0.7744]
CR_{22}				[0.3808, 0.6688]	[0.3808, 0.6688]	
CR_{23}			[0.1920, 0.4080]	[0.0960, 0.2640]	[0.1920, 0.4080]	[0.2880, 0.5520]
CR_{24}						[0.0480, 0.1760]
CR_{31}			[0.3840, 0.6720]		[0.3600, 0.6400]	[0.3840, 0.6720]
CR_{32}		[0.2016, 0.4256]				[0.2160, 0.4480]
CR_{33}						[0.1040, 0.2880]
CR_{34}						[0.1920, 0.4080]

客户需求	技术属性				
	TA_7	TA_8	TA_9	TA_{10}	TA_{11}
CR_{11}					
CR_{12}					
CR_{21}					
CR_{22}		[0.3360, 0.6080]			
CR_{23}					
CR_{24}					[0.0384, 0.1584]
CR_{31}			[0.0720, 0.2560]	[0.1200, 0.3200]	
CR_{32}	[0.1440, 0.3360]				
CR_{33}		[0.1360, 0.3520]			
CR_{34}					[0.1728, 0.3808]

在改进的模糊 TOPSIS 中，加权标准化的 $CR-TA$ 关系矩阵的转矩阵是模糊决策矩阵。根据式(4-19)～式(4-24)，确定模糊正理想解和模糊负理想解为

$A^{+}=\{[0.4416, 0.5888], [0.2880, 0.3648], [0.7744, 0.8448], [0.6080, 0.6688], [0.4080, 0.5520], [0.1584, 0.1760], [0.6400, 0.6720], [0.4256, 0.4480], [0.2880, 0.3520], [0.3808, 0.4080]\}$。

$A^{-}=\{[0.2016, 0.3168], [0.0784, 0.1120], [0.4080, 0.4352], [0.3360, 0.3808], [0.0960, 0.1440], [0.0384, 0.0480], [0.0720, 0.1200], [0.1440, 0.2016], [0.1040, 0.1360], [0.1728, 0.1920]\}$。

根据式(4-25)～式(4-26)，计算智能冰箱的技术属性到模糊正理想解和模糊负理想解的距离(表7-11)。利用式(4-27)，计算贴近度系数(表7-11)。因此，技术属性的排序为：$TA_3>TA_5>TA_6>TA_2>TA_1>TA_8>TA_{11}>TA_4>TA_7>TA_{10}>TA_9$。从表7-11看出，电气系统($TA_3$)、制冷系统($TA_5$)和主控系统($TA_6$)排在前三位，后续概念设计中要重视。

表7-11　技术属性的 d_i^+、d_i^-、CC_i 及重要度排序(智能冰箱)

技术属性	d_i^+	d_i^-	贴近度系数	重要度排序
TA_1	0.0352	0.0442	0.5567	5
TA_2	0.0575	0.1054	0.6470	4
TA_3	0.0961	0.2717	0.7387	1
TA_4	0.1072	0.0374	0.2586	8
TA_5	0.1244	0.3187	0.7193	2
TA_6	0.1866	0.4245	0.6946	3
TA_7	0.0411	0.0060	0.1274	9
TA_8	0.0391	0.0354	0.4752	6
TA_9	0.2440	0.0062	0.0248	11
TA_{10}	0.1925	0.0173	0.0825	10
TA_{11}	0.0222	0.0160	0.4188	7

7.3.3　智能冰箱的技术冲突解决

智能冰箱的技术属性之间存在三种关系：正相关、不相关和负相关。正相

关的技术属性要充分利用，不相关的可以忽略，负相关的采用改进的 TRIZ 理论解决。以智能冰箱的储存室(TA_4)、压缩机(TA_{51})、自适应神经模糊推理系统(TA_9)和多智能体系统(TA_{10})等四项技术属性为例，验证改进的 TRIZ 理论解决技术冲突。储存室的复杂性(三个独立室)是属性值，压缩机的适应性是属性值，自适应神经模糊推理系统的精度是属性值，多智能体系统的智能性是属性值。它们之间的关系识别与冲突解决过程如下：

该家电企业根据多年积累的知识和经验，总结出 TA_4、TA_{51}、TA_9 和 TA_{10} 属性值之间的关系，见表 7 - 12。其中，1 代表性能较差，9 代表性能较好，依次递增。在表 7 - 12 中，当任何两项技术属性的属性值相同时，检索出另外两项技术属性的属性值，如 $TA_9=3$ 和 $TA_{10}=7$ 时，TA_4 和 TA_{51} 的属性值见表 7 - 13。根据式(4 - 32)和式(4 - 33)，计算出 TA_4 和 TA_{51} 的平均斜率为−0.6。类似地，计算出 TA_9、TA_{10} 与 TA_{51}，TA_9、TA_{10} 与 TA_4 的平均斜率均为 0，TA_9 与 TA_{10} 的平均斜率为 0.5。明显地，TA_4 和 TA_{51} 的平均斜率小于 0，它们之间存在冲突；TA_9、TA_{10} 与 TA_{51}，TA_9、TA_{10} 与 TA_4 的平均斜率均为 0，它们之间不相关；TA_9 与 TA_{10} 的平均斜率大于 0，它们之间正相关，要充分利用。

表 7 - 12　智能冰箱部分技术属性的决策表

No.	TA_4	TA_9	TA_{10}	TA_{51}	No.	TA_4	TA_9	TA_{10}	TA_{51}	No.	TA_4	TA_9	TA_{10}	TA_{51}
1	1	1	1	7	13	1	5	5	7	25	1	9	9	7
2	1	1	3	7	14	1	5	7	7	26	3	1	1	7
3	1	1	5	7	15	1	5	9	7	27	3	1	3	7
4	1	1	7	7	16	1	7	1	7	28	3	1	5	7
5	1	1	9	7	17	1	7	3	7	29	3	1	7	7
6	1	3	1	7	18	1	7	5	7	30	3	1	9	7
7	1	3	3	7	19	1	7	7	7	31	3	3	1	7
8	1	3	5	7	20	1	7	9	7	32	3	3	3	7
9	1	3	7	7	21	1	9	1	7	33	3	3	5	7
10	1	3	9	7	22	1	9	3	7	34	3	3	7	7
11	1	5	1	7	23	1	9	5	7	35	3	3	9	7
12	1	5	3	7	24	1	9	7	7	36	3	5	1	7

（续表）

No.	TA_4	TA_9	TA_{10}	TA_{51}	No.	TA_4	TA_9	TA_{10}	TA_{51}	No.	TA_4	TA_9	TA_{10}	TA_{51}
37	3	5	3	7	67	5	7	3	5	97	7	9	3	3
38	3	5	5	7	68	5	7	5	5	98	7	9	5	3
39	3	5	7	7	69	5	7	7	5	99	7	9	7	3
40	3	5	9	7	70	5	7	9	5	100	7	9	9	3
41	3	7	1	7	71	5	9	1	5	101	9	1	1	3
42	3	7	3	7	72	5	9	3	5	102	9	1	3	3
43	3	7	5	7	73	5	9	5	5	103	9	1	5	3
44	3	7	7	7	74	5	9	7	5	104	9	1	7	3
45	3	7	9	7	75	5	9	9	5	105	9	1	9	3
46	3	9	1	7	76	7	1	1	3	106	9	3	1	3
47	3	9	3	7	77	7	1	3	3	107	9	3	3	3
48	3	9	5	7	78	7	1	5	3	108	9	3	5	3
49	3	9	7	7	79	7	1	7	3	109	9	3	7	3
50	3	9	9	7	80	7	1	9	3	110	9	3	9	3
51	5	1	1	5	81	7	3	1	3	111	9	5	1	3
52	5	1	3	5	82	7	3	3	3	112	9	5	3	3
53	5	1	5	5	83	7	3	5	3	113	9	5	5	3
54	5	1	7	5	84	7	3	7	3	114	9	5	7	3
55	5	1	9	5	85	7	3	9	3	115	9	5	9	3
56	5	3	1	5	86	7	5	1	3	116	9	7	1	3
57	5	3	3	5	87	7	5	3	3	117	9	7	3	3
58	5	3	5	5	88	7	5	5	3	118	9	7	5	3
59	5	3	7	5	89	7	5	7	3	119	9	7	7	3
60	5	3	9	5	90	7	5	9	3	120	9	7	9	3
61	5	5	1	5	91	7	7	1	3	121	9	9	1	3
62	5	5	3	5	92	7	7	3	3	122	9	9	3	3
63	5	5	5	5	93	7	7	5	3	123	9	9	5	3
64	5	5	7	5	94	7	7	7	3	124	9	9	7	3
65	5	5	9	5	95	7	7	9	3	125	9	9	9	3
66	5	7	1	5	96	7	9	1	3					

表 7-13 TA_4 与 TA_{51} 的属性值

TA_4	1	3	5	7	9
TA_{51}	7	7	5	3	3

TA_4 和 TA_{51} 的矛盾为：TA_4 被分割为冷藏室、冷冻室和变温室，这三个室分别独立工作，室内温度各不相同，而 TA_{51} 的输出功率是不变的，不能满足 TA_4 的要求。此矛盾转化为 TRIZ 理论可识别的矛盾：TA_4 为提高的参数，即参数 36“装置的复杂性”；TA_{51} 为恶化的参数，即参数 35“适应性及多用性”。在矛盾矩阵中，对应的发明原理为 29、15、28 和 37。该企业选择发明原理 15“动态化”解决冲突，用“变频”压缩机代替普通压缩机。变频压缩机中的控制器可调节电机转速，从而改变压缩机的制冷量。利用智能传感器和电磁阀技术，变频压缩机在三个制冷室之间任意切换工作。当智能冰箱工作时，智能传感器可以感知三个制冷室的温度。若发现某个制冷室温度不在制冷范围内，变频压缩机开始工作，直到室内温度在冷制范围内（即达到关机点），停止工作。根据电磁阀工作原理，变频压缩机选择性制冷。

此外，重复上述过程，计算出其他技术属性之间的平均斜率大于或等于 0。平均斜率大于 0 的技术属性要加以利用，平均斜率等于 0 的技术属性可以忽略。

7.4 智能冰箱监测与控制功能的设计

当智能冰箱的技术属性确定后，利用成对比较算法划分模块，组成智能冰箱。WSN 实现监测功能，K-means 算法处理监测数据，三角模糊数评价监测功能成熟度。在监测功能的基础上，自整定模糊 PID 控制器实现控制功能，经三角模糊数评价控制功能成熟度后，完善其设计。

7.4.1 智能冰箱的模块划分

根据智能冰箱技术属性之间的关系，构建技术属性的初始图（图 7-2）和初始关系矩阵[式(7-1)]。初始关系矩阵经成对比较算法计算后，得到新的关系矩阵，见式(7-2)。

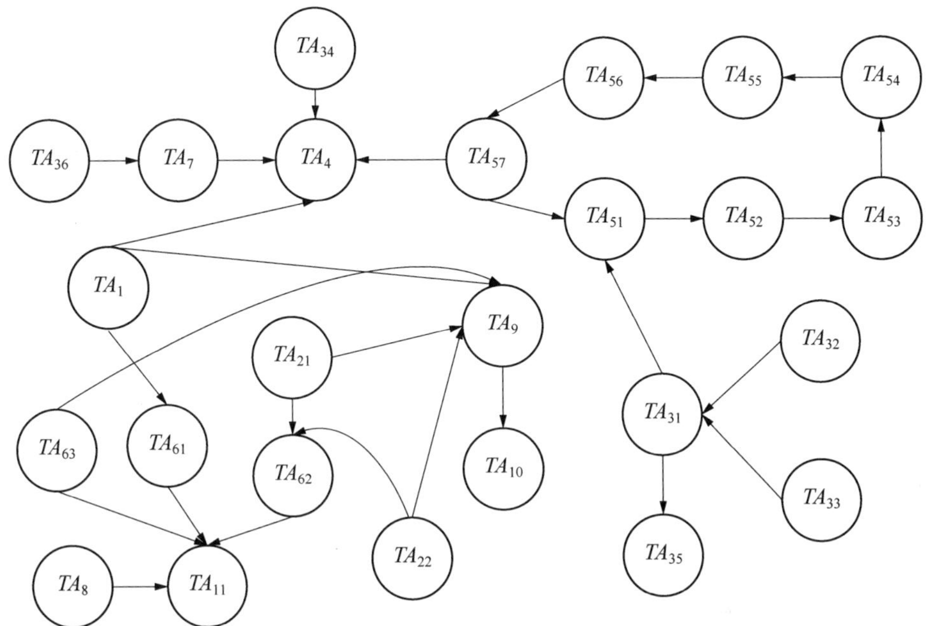

图 7-2　智能冰箱技术属性的初始图

根据式(7-2)总结智能冰箱技术属性的关系：

(1) 独立关系：TA_1、TA_{21}、TA_{22}、TA_{31}、TA_{32}、TA_{33}、TA_{34}、TA_{35}、TA_{36}、TA_4、TA_{61}、TA_{62}、TA_{63}、TA_7、TA_8 和 TA_{11}。

(2) 顺序关系：TA_{51}、TA_{52}、TA_{53}、TA_{54}、TA_{55}、TA_{56}、TA_{57}、TA_9 和 TA_{10}。

可知组成智能冰箱的模块包括：

(1) 物理模块：电动机(TA_{31})、过载保护器(TA_{33})、各种电热器(TA_{35})、指示灯(TA_{36})、储存室(TA_4)、制冷模块[压缩机(TA_{51})、冷凝器(TA_{52})、干燥过滤器(TA_{53})、毛细管(TA_{54})、蒸发皿(TA_{55})、连接管(TA_{56})、制冷剂(TA_{57})、箱体和门(TA_7)]。

(2) 智能模块：无线传感器网络(TA_1)、控制面板(TA_{21})、手机操作(TA_{22})、启动继电器(TA_{32})、除霜系统(TA_{34})、K-means 算法(TA_{61})、改进的自适应遗传算法(TA_{62})、迭代学习控制算法(TA_{63})、智能决策模块(自适应神经模糊推理系统(TA_9)和多智能体系统(TA_{10})、数据分析算法(TA_{11})。

(3) 连接模块:多媒体视频(TA_8)。

这三类模块按一定的规则就可以组成智能冰箱。

$$
\begin{array}{l}
TA_1 \\ TA_{21} \\ TA_{22} \\ TA_{31} \\ TA_{32} \\ TA_{33} \\ TA_{34} \\ TA_{35} \\ TA_{36} \\ TA_4 \\ TA_{51} \\ TA_{52} \\ TA_{53} \\ TA_{54} \\ TA_{55} \\ TA_{56} \\ TA_{57} \\ TA_{61} \\ TA_{62} \\ TA_{63} \\ TA_7 \\ TA_8 \\ TA_9 \\ TA_{10} \\ TA_{11}
\end{array}
\left[\begin{array}{ccccccccccccccccccccccccc}
\blacksquare & 0 & 0 & 0 & 0 & 0 & 0 & 0 & 0 & 0 & 0 & 0 & 0 & 0 & 0 & 0 & 0 & 0 & 0 & 0 & 0 & 0 & 0 & 0 & 0 \\
0 & \blacksquare & 0 & 0 & 0 & 0 & 0 & 0 & 0 & 0 & 0 & 0 & 0 & 0 & 0 & 0 & 0 & 0 & 0 & 0 & 0 & 0 & 0 & 0 & 0 \\
0 & 0 & \blacksquare & 0 & 0 & 0 & 0 & 0 & 0 & 0 & 0 & 0 & 0 & 0 & 0 & 0 & 0 & 0 & 0 & 0 & 0 & 0 & 0 & 0 & 0 \\
0 & 0 & 0 & \blacksquare & 1 & 1 & 0 & 0 & 0 & 0 & 0 & 0 & 0 & 0 & 0 & 0 & 0 & 0 & 0 & 0 & 0 & 0 & 0 & 0 & 0 \\
0 & 0 & 0 & 0 & \blacksquare & 0 & 0 & 0 & 0 & 0 & 0 & 0 & 0 & 0 & 0 & 0 & 0 & 0 & 0 & 0 & 0 & 0 & 0 & 0 & 0 \\
0 & 0 & 0 & 0 & 0 & \blacksquare & 0 & 0 & 0 & 0 & 0 & 0 & 0 & 0 & 0 & 0 & 0 & 0 & 0 & 0 & 0 & 0 & 0 & 0 & 0 \\
0 & 0 & 0 & 0 & 0 & 0 & \blacksquare & 0 & 0 & 0 & 0 & 0 & 0 & 0 & 0 & 0 & 0 & 0 & 0 & 0 & 0 & 0 & 0 & 0 & 0 \\
0 & 0 & 0 & 1 & 0 & 0 & 0 & \blacksquare & 0 & 0 & 0 & 0 & 0 & 0 & 0 & 0 & 0 & 0 & 0 & 0 & 0 & 0 & 0 & 0 & 0 \\
0 & 0 & 0 & 0 & 0 & 0 & 0 & 0 & \blacksquare & 0 & 0 & 0 & 0 & 0 & 0 & 0 & 0 & 0 & 0 & 0 & 0 & 0 & 0 & 0 & 0 \\
1 & 0 & 0 & 0 & 0 & 0 & 1 & 0 & 0 & \blacksquare & 0 & 0 & 0 & 0 & 0 & 0 & 1 & 0 & 0 & 0 & 1 & 0 & 0 & 0 & 0 \\
0 & 0 & 0 & 1 & 0 & 0 & 0 & 0 & 0 & 0 & \blacksquare & 0 & 0 & 0 & 0 & 0 & 1 & 0 & 0 & 0 & 0 & 0 & 0 & 0 & 0 \\
0 & 0 & 0 & 0 & 0 & 0 & 0 & 0 & 0 & 0 & 1 & \blacksquare & 0 & 0 & 0 & 0 & 0 & 0 & 0 & 0 & 0 & 0 & 0 & 0 & 0 \\
0 & 0 & 0 & 0 & 0 & 0 & 0 & 0 & 0 & 0 & 0 & 1 & \blacksquare & 0 & 0 & 0 & 0 & 0 & 0 & 0 & 0 & 0 & 0 & 0 & 0 \\
0 & 0 & 0 & 0 & 0 & 0 & 0 & 0 & 0 & 0 & 0 & 0 & 1 & \blacksquare & 0 & 0 & 0 & 0 & 0 & 0 & 0 & 0 & 0 & 0 & 0 \\
0 & 0 & 0 & 0 & 0 & 0 & 0 & 0 & 0 & 0 & 0 & 0 & 0 & 1 & \blacksquare & 0 & 0 & 0 & 0 & 0 & 0 & 0 & 0 & 0 & 0 \\
0 & 0 & 0 & 0 & 0 & 0 & 0 & 0 & 0 & 0 & 0 & 0 & 0 & 0 & 1 & \blacksquare & 0 & 0 & 0 & 0 & 0 & 0 & 0 & 0 & 0 \\
0 & 0 & 0 & 0 & 0 & 0 & 0 & 0 & 0 & 0 & 0 & 0 & 0 & 0 & 0 & 1 & \blacksquare & 0 & 0 & 0 & 0 & 0 & 0 & 0 & 0 \\
1 & 0 & 0 & 0 & 0 & 0 & 0 & 0 & 0 & 0 & 0 & 0 & 0 & 0 & 0 & 0 & 0 & \blacksquare & 0 & 0 & 0 & 0 & 0 & 0 & 0 \\
0 & 1 & 1 & 0 & 0 & 0 & 0 & 0 & 0 & 0 & 0 & 0 & 0 & 0 & 0 & 0 & 0 & 0 & \blacksquare & 0 & 0 & 0 & 0 & 0 & 0 \\
0 & 0 & 0 & 0 & 0 & 0 & 0 & 0 & 0 & 0 & 0 & 0 & 0 & 0 & 0 & 0 & 0 & 0 & 0 & \blacksquare & 0 & 0 & 0 & 0 & 0 \\
0 & 0 & 0 & 0 & 0 & 0 & 0 & 0 & 1 & 0 & 0 & 0 & 0 & 0 & 0 & 0 & 0 & 0 & 0 & 0 & \blacksquare & 0 & 0 & 0 & 0 \\
0 & 0 & 0 & 0 & 0 & 0 & 0 & 0 & 0 & 0 & 0 & 0 & 0 & 0 & 0 & 0 & 0 & 0 & 0 & 0 & 0 & \blacksquare & 0 & 0 & 0 \\
1 & 1 & 1 & 0 & 0 & 0 & 0 & 0 & 0 & 0 & 0 & 0 & 0 & 0 & 0 & 0 & 0 & 0 & 0 & 1 & 0 & 0 & \blacksquare & 0 & 0 \\
0 & 0 & 0 & 0 & 0 & 0 & 0 & 0 & 0 & 0 & 0 & 0 & 0 & 0 & 0 & 0 & 0 & 0 & 0 & 0 & 0 & 0 & 1 & \blacksquare & 0 \\
0 & 0 & 0 & 0 & 0 & 0 & 0 & 0 & 0 & 0 & 0 & 0 & 0 & 0 & 0 & 0 & 0 & 1 & 1 & 1 & 0 & 1 & 0 & 0 & \blacksquare
\end{array}\right]
\tag{7-1}
$$

$$
\begin{array}{c}
TA_{1} \\ TA_{21} \\ TA_{22} \\ TA_{32} \\ TA_{33} \\ TA_{31} \\ TA_{34} \\ TA_{35} \\ TA_{36} \\ TA_{61} \\ TA_{62} \\ TA_{63} \\ TA_{7} \\ TA_{8} \\ TA_{9} \\ TA_{10} \\ TA_{11} \\ TA_{51} \\ TA_{52} \\ TA_{53} \\ TA_{54} \\ TA_{55} \\ TA_{56} \\ TA_{57} \\ TA_{4}
\end{array}
\begin{bmatrix}
\blacksquare & 0 & 0 & 0 & 0 & 0 & 0 & 0 & 0 & 0 & 0 & 0 & 0 & 0 & 0 & 0 & 0 & 0 & 0 & 0 & 0 & 0 & 0 & 0 & 0 \\
0 & \blacksquare & 0 & 0 & 0 & 0 & 0 & 0 & 0 & 0 & 0 & 0 & 0 & 0 & 0 & 0 & 0 & 0 & 0 & 0 & 0 & 0 & 0 & 0 & 0 \\
0 & 0 & \blacksquare & 0 & 0 & 0 & 0 & 0 & 0 & 0 & 0 & 0 & 0 & 0 & 0 & 0 & 0 & 0 & 0 & 0 & 0 & 0 & 0 & 0 & 0 \\
0 & 0 & 0 & \blacksquare & 0 & 0 & 0 & 0 & 0 & 0 & 0 & 0 & 0 & 0 & 0 & 0 & 0 & 0 & 0 & 0 & 0 & 0 & 0 & 0 & 0 \\
0 & 0 & 0 & 0 & \blacksquare & 0 & 0 & 0 & 0 & 0 & 0 & 0 & 0 & 0 & 0 & 0 & 0 & 0 & 0 & 0 & 0 & 0 & 0 & 0 & 0 \\
0 & 0 & 0 & 1 & 1 & \blacksquare & 0 & 0 & 0 & 0 & 0 & 0 & 0 & 0 & 0 & 0 & 0 & 0 & 0 & 0 & 0 & 0 & 0 & 0 & 0 \\
0 & 0 & 0 & 0 & 0 & 0 & \blacksquare & 0 & 0 & 0 & 0 & 0 & 0 & 0 & 0 & 0 & 0 & 0 & 0 & 0 & 0 & 0 & 0 & 0 & 0 \\
0 & 0 & 0 & 0 & 0 & 1 & 0 & \blacksquare & 0 & 0 & 0 & 0 & 0 & 0 & 0 & 0 & 0 & 0 & 0 & 0 & 0 & 0 & 0 & 0 & 0 \\
0 & 0 & 0 & 0 & 0 & 0 & 0 & 0 & \blacksquare & 0 & 0 & 0 & 0 & 0 & 0 & 0 & 0 & 0 & 0 & 0 & 0 & 0 & 0 & 0 & 0 \\
1 & 0 & 0 & 0 & 0 & 0 & 0 & 0 & 0 & \blacksquare & 0 & 0 & 0 & 0 & 0 & 0 & 0 & 0 & 0 & 0 & 0 & 0 & 0 & 0 & 0 \\
0 & 1 & 1 & 0 & 0 & 0 & 0 & 0 & 0 & 0 & \blacksquare & 0 & 0 & 0 & 0 & 0 & 0 & 0 & 0 & 0 & 0 & 0 & 0 & 0 & 0 \\
0 & 0 & 0 & 0 & 0 & 0 & 0 & 0 & 0 & 0 & 0 & \blacksquare & 0 & 0 & 0 & 0 & 0 & 0 & 0 & 0 & 0 & 0 & 0 & 0 & 0 \\
0 & 0 & 0 & 0 & 0 & 0 & 0 & 0 & 1 & 0 & 0 & 0 & \blacksquare & 0 & 0 & 0 & 0 & 0 & 0 & 0 & 0 & 0 & 0 & 0 & 0 \\
0 & 0 & 0 & 0 & 0 & 0 & 0 & 0 & 0 & 0 & 0 & 0 & 0 & \blacksquare & 0 & 0 & 0 & 0 & 0 & 0 & 0 & 0 & 0 & 0 & 0 \\
1 & 1 & 1 & 0 & 0 & 0 & 0 & 0 & 0 & 0 & 0 & 1 & 0 & 0 & \blacksquare & 0 & 0 & 0 & 0 & 0 & 0 & 0 & 0 & 0 & 0 \\
0 & 0 & 0 & 0 & 0 & 0 & 0 & 0 & 0 & 0 & 0 & 0 & 0 & 0 & 1 & \blacksquare & 0 & 0 & 0 & 0 & 0 & 0 & 0 & 0 & 0 \\
0 & 0 & 0 & 0 & 0 & 0 & 0 & 0 & 0 & 1 & 0 & 1 & 0 & 1 & 0 & 0 & \blacksquare & 0 & 0 & 0 & 0 & 0 & 0 & 0 & 0 \\
0 & 0 & 0 & 0 & 0 & 1 & 0 & 0 & 0 & 0 & 0 & 0 & 0 & 0 & 0 & 0 & 0 & \blacksquare & 0 & 0 & 0 & 0 & 0 & 0 & 0 \\
0 & 0 & 0 & 0 & 0 & 0 & 0 & 0 & 0 & 0 & 0 & 0 & 0 & 0 & 0 & 0 & 0 & 1 & \blacksquare & 0 & 0 & 0 & 0 & 0 & 0 \\
0 & 0 & 0 & 0 & 0 & 0 & 0 & 0 & 0 & 0 & 0 & 0 & 0 & 0 & 0 & 0 & 0 & 0 & 1 & \blacksquare & 0 & 0 & 0 & 0 & 0 \\
0 & 0 & 0 & 0 & 0 & 0 & 0 & 0 & 0 & 0 & 0 & 0 & 0 & 0 & 0 & 0 & 0 & 0 & 0 & 1 & \blacksquare & 0 & 0 & 0 & 0 \\
0 & 0 & 0 & 0 & 0 & 0 & 0 & 0 & 0 & 0 & 0 & 0 & 0 & 0 & 0 & 0 & 0 & 0 & 0 & 0 & 1 & \blacksquare & 0 & 0 & 0 \\
0 & 0 & 0 & 0 & 0 & 0 & 0 & 0 & 0 & 0 & 0 & 0 & 0 & 0 & 0 & 0 & 0 & 0 & 0 & 0 & 0 & 1 & \blacksquare & 0 & 0 \\
0 & 0 & 0 & 0 & 0 & 0 & 0 & 0 & 0 & 0 & 0 & 0 & 0 & 0 & 0 & 0 & 0 & 0 & 0 & 0 & 0 & 0 & 1 & \blacksquare & 0 \\
1 & 0 & 0 & 0 & 0 & 0 & 1 & 0 & 0 & 0 & 0 & 0 & 1 & 0 & 0 & 0 & 0 & 0 & 0 & 0 & 0 & 0 & 0 & 1 & \blacksquare
\end{bmatrix}
\tag{7-2}
$$

7.4.2 智能冰箱监测功能的设计

为了监测智能冰箱中的食物，传感器被安装在智能冰箱内部。通过 K-means 算法分离有效数据和故障数据后，将有效数据对外传输，故障数据采取措施解决。三角模糊数评价监测功能成熟度，完善设计。

1) 智能冰箱传感器的安装

在冰箱内部安装多个智能传感器，用来监测其内部的温度，智能冰箱上的智能传感器安装如图 7 - 3 所示。

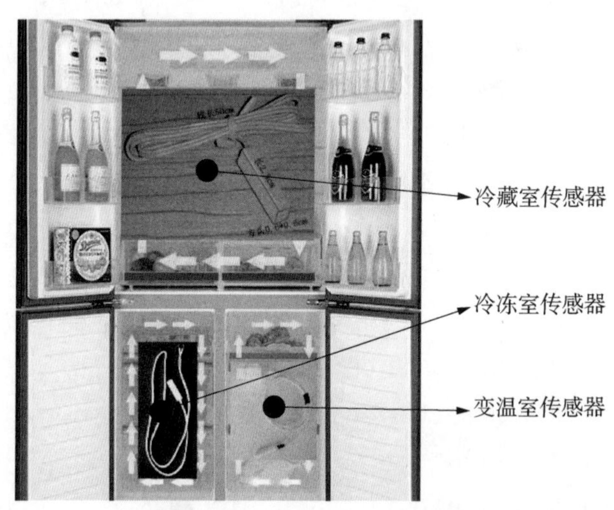

图 7 - 3　智能冰箱的传感器

(1) 冷藏室传感器：冷藏室中的智能传感器用于监测冷藏室中的温度，一方面可以保证冷藏室制冷均匀，另一方面保证食物在一定温度中冷藏。

(2) 冷冻室传感器：智能传感器用于监测冷冻室中的温度，使食物在较低温度中冷冻。

(3) 变温室传感器：智能传感器用于监测变温室中的温度。根据食物种类和外部温度，电脑可以智能地控制变温室中的温度。

多个智能传感器协调工作，可以使三个储存室独立运行，保持食物最佳状态。

2) 智能冰箱监测数据的处理

通过智能传感器的传感节点进行数据采集监测，并利用 WSN 对外传递。然而，由于监测数据的传输消耗大量能量，在对外传递前需要处理，以便提取有效数据。

收集冷藏室和冷冻室中智能传感器采集的监测数据(取整数)，经 K-means 算法处理后，结果如图 7 - 4 所示。

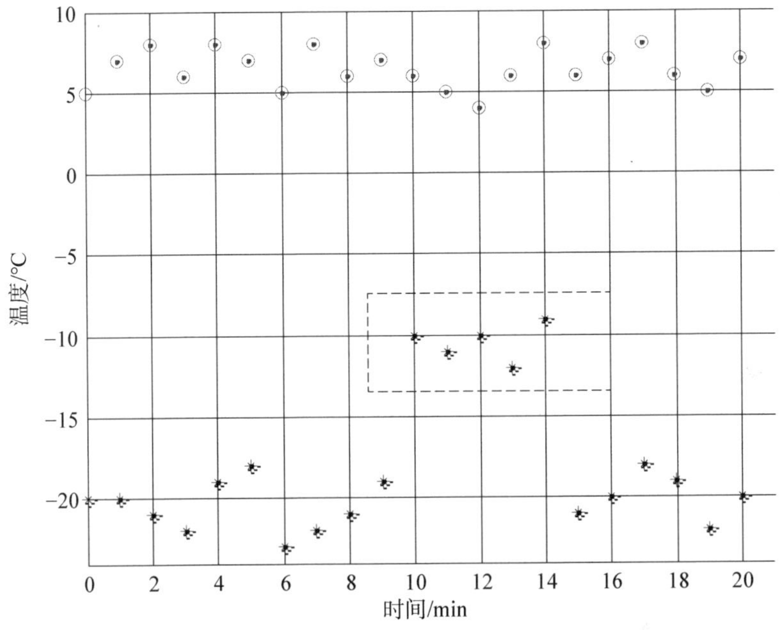

图 7－4　冷藏室和冷冻室的温度聚类图

从图 7－4 中可知圆点代表冷藏室温度变化，星点代表冷冻室温度变化，其中圆点变化比较均匀，没有故障出现。而星点在 10～14 min 内温度波动较大，可以初步判断为有故障出现。经诊断后发现，这段时间智能冰箱的门没有关严，当智能冰箱的门被关严后，故障解决。

3）智能冰箱监测功能成熟度的评价

智能冰箱的监测功能设计完成后，评价维度有：

（1）智能传感器安装（$O_1^{\ 1}$）：20 个智能传感器安装在智能冰箱内，用来监测冷藏室、冷冻室和变温室的温度。

（2）监测数据采集（$O_2^{\ 1}$）：智能传感器监测时长可以设置长些，节约资源。

（3）监测数据处理（$O_3^{\ 1}$）：K-means 算法处理监测数据精度高、时间短，有利于电脑控温。

（4）故障提醒（$O_4^{\ 1}$）：提示智能冰箱故障和食物数量、状态等。

智能冰箱监测功能成熟度的各维度评价标准：监测数据准确性高（$C_1^{\ 1}$）、灵活性高（$C_2^{\ 1}$）及处理效率好（$C_3^{\ 1}$）。

五位经验丰富的专家给出监测功能的标准重要度及指标在标准下的成熟度的语言变量评价，见表 7-14 和 7-15。

表 7-14 标准重要度的语言变量评价(监测)

评价标准	C_1^1	C_2^1	C_3^1
重要度	VH, H, VH, VH, H	VH, VH, VH, VH, VH	VH, H, VH, VH, VH

表 7-15 指标成熟度的语言变量评价(监测)

评价指标	C_1^1	C_2^1	C_3^1
O_1^1	VH, H, VH, VH, VH	VH, VH, VH, VH, VH	H, VH, VH, H, VH
O_2^1	VH, VH, VH, VH, VH	VH, H, VH, VH, H	H, VH, VH, H, H
O_3^1	H, VH, VH, H, VH	H, H, VH, VH, H	VH, H, VH, VH, VH
O_4^1	VH, VH, VH, VH, VH	H, VH, H, VH, H	VH, VH, H, VH, H

结合表 7-14 和表 7-15 中的内容，利用 5.2.4 小节提供的功能成熟度评价流程，计算智能冰箱监测功能成熟度，结果见表 7-16。可知智能冰箱监测功能成熟度位于[0.6, 0.8]中，成熟度高。

表 7-16 智能冰箱监测功能成熟度

评价指标	C_1^1	C_2^1	C_3^1	成熟度值
O_1^1	[0.5472, 0.8832]	[0.6400, 1.0000]	[0.5472, 0.8832]	[0.5781, 0.9221]
O_2^1	[0.5760, 0.9200]	[0.5760, 0.9200]	[0.5168, 0.8448]	[0.5563, 0.8949]
O_3^1	[0.5184, 0.8464]	[0.5440, 0.8800]	[0.5776, 0.9216]	[0.5467, 0.8827]
O_4^1	[0.5760, 1.0000]	[0.5440, 0.8800]	[0.5472, 0.8832]	[0.5557, 0.9211]

7.4.3 智能冰箱控制功能的设计

温度控制器选用自整定模糊 PID 控制器，利用监测数据来控制智能冰箱。模糊控制规则经 IAGA 优化后，自整定模糊 PID 控制器可以根据优化的规则控制智能冰箱的各项功能。采用三角模糊数评价控制功能成熟度，指导后续设计。

1）自整定模糊 PID 控制器仿真分析

温度控制器的传递函数为

$$G(s)=\frac{1000}{s^{3}+20s^{2}+100s} \tag{7-3}$$

根据表 5-2～表 5-4 和式(7-3)，采用 IAGA 优化模糊控制规则。自整定模糊 PID 控制器利用优化的规则在线整定控制参数，减小超调量和调整时间。假设采样时间为 1 ms，输入为阶跃信号，仿真结果如图 7-5 所示。

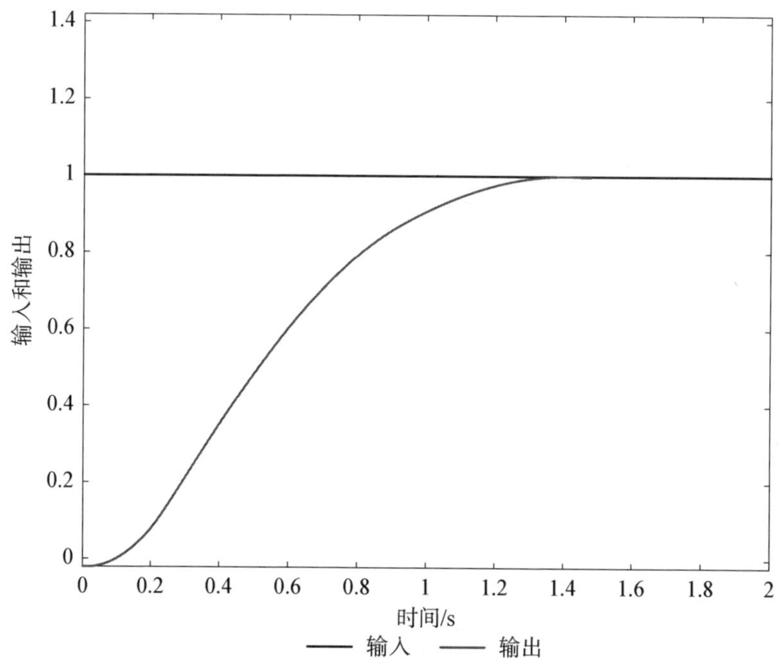

图 7-5　智能冰箱自整定模糊 PID 控制器的阶跃响应

从图 7-5 中可知，智能冰箱的自整定模糊 PID 控制器的最大超调量为 0.29%，调整时间为 1.39 s，整个过程比较平稳。

2）智能冰箱控制功能成熟度的评价

智能冰箱的控制功能初步确定后，评价维度有：

(1) 操作方式(O_1^2)：智能冰箱操作越简单越好，有控制面板和 App 操作。

(2) 控制系统(O_2^2)：控制系统为开放式，灵敏度高，可以并行处理问题。

(3) 控制信息处理(O_3^2)：控制精度高，处理速度快。

智能冰箱控制功能成熟度的各维度评价标准：个性化程度高(C_1^2)、控制时间短(C_2^2)及灵活性高(C_3^2)。

类似地，五位专家用语言变量评价控制功能的标准重要度及指标在标准下的成熟度，见表 7－17 和表 7－18。

表 7－17 标准重要度的语言变量评价(控制)

评价标准	C_1^2	C_2^2	C_3^2
重要度	VH，VH，VH，H，H	VH，VH，VH，H，VH	H，VH，H，VH，VH

表 7－18 指标成熟度的语言变量评价(控制)

评价指标	C_1^2	C_2^2	C_3^2
O_1^2	VH，VH，VH，VH，VH	VH，VH，H，VH，VH	H，VH，VH，VH，VH
O_2^2	VH，VH，VH，H，VH	H，VH，H，VH，VH	VH，VH，VH，VH，VH
O_3^2	H，H，H，H，VH	VH，H，H，VH，VH	H，H，VH，VH，H

基于功能成熟度评价流程(如 5.2.4 小节的评价流程)利用表 7－17 和表 7－18 提供的标准重要度和指标成熟度，对智能冰箱控制功能成熟度进行评价，结果见表 7－19。智能冰箱控制功能成熟度处于[0.6，0.8]中，成熟度高。

表 7－19 智能冰箱控制功能成熟度

评价指标	C_1^2	C_2^2	C_3^2	成熟度值
O_1^2	[0.5760，0.9200]	[0.5776，0.9216]	[0.5472，0.8832]	[0.5669，0.9083]
O_2^2	[0.5472，0.8832]	[0.5472，0.8832]	[0.5760，0.9200]	[0.5568，0.8955]
O_3^2	[0.4608，0.7728]	[0.5472，0.8832]	[0.4896，0.8096]	[0.4992，0.8219]

7.5 智能冰箱优化与自主功能的设计

智能冰箱的 ILCS 利用监测功能与控制功能来实现优化功能，然后采用三角模糊数来评价优化功能成熟度。ANFIS 可以处理监测、控制和优化信息，多智能体系统可以进行智能决策，实现自主功能后，再评价其成熟度。最后集成各项功能的系统，形成闭环，完成智能冰箱概念设计。

7.5.1　智能冰箱优化功能的设计

在监测与控制功能的基础上，ILCS 可以实现智能冰箱的优化功能。根据智能冰箱的风冷式制冷方式，建立风扇的 ILCS；采用 PD 型迭代学习控制算法，使实际轨迹收敛在期望轨迹邻域内；采用三角模糊数评价优化功能成熟度，提高设计。

1）智能冰箱风扇的 ILCS 仿真分析

该家电企业的智能冰箱风扇的 ILCS 带有状态和输出扰动的非线性系统：

$$\begin{bmatrix}\dot{x}_1(t)\\ \dot{x}_2(t)\end{bmatrix}=\begin{Bmatrix}\sin[x_1(t)]+4x_2(t)\\ 3x_1(t)+\cos[x_2(t)]\end{Bmatrix}+\begin{bmatrix}2 & 1\\ 0 & 1\end{bmatrix}\begin{bmatrix}u_1(t)\\ u_2(t)\end{bmatrix}+\begin{bmatrix}0.2\cos(3t)\\ 0.4\cos(5t)\end{bmatrix} \tag{7-4}$$

$$\begin{bmatrix}y_1(t)\\ y_2(t)\end{bmatrix}=\begin{bmatrix}3 & 0\\ 0 & 1\end{bmatrix}\begin{bmatrix}x_1(t)\\ x_2(t)\end{bmatrix}+\begin{bmatrix}0.3\sin(4t)\\ 0.1\sin(2t)\end{bmatrix}$$

其中，$t\in[0, 1]$。

风扇 ILCS 的期望轨迹为

$$\begin{bmatrix}y_{d1}(t)\\ y_{d2}(t)\end{bmatrix}=\begin{bmatrix}3\cos(\pi t)\\ \sin(\pi t)\end{bmatrix} \tag{7-5}$$

ILCS 的初始状态为任意值 $\|x_{\mathrm{d}}(0)-x_k(0)\|\leqslant 0.05$。选用 PD 型迭代学习控制算法后，学习增益矩阵 $\boldsymbol{\Gamma}=\begin{bmatrix}0.3 & 0\\ 0 & 0.3\end{bmatrix}$ 和 $\boldsymbol{L}=\begin{bmatrix}5 & 0\\ 0 & 5\end{bmatrix}$。

通过 15 次迭代，智能冰箱风扇的跟踪轨迹（y_1 和 y_2）及跟踪误差如图 7-6 和图 7-7 所示。在图 7-7 中，可知第 9 次迭代后，风扇运行轨迹基本在期望轨迹的邻域内。虽然智能冰箱风扇的 ILCS 存在状态和输出扰动及初始状态偏移，但学习增益矩阵 $\boldsymbol{\Gamma}$ 满足式(6-5)，使 PD 型迭代学习控制算法收敛，式(7-4)有界，优化功能实现。

2）智能冰箱风扇优化功能成熟度的评价

智能冰箱风扇的优化功能设计完成后，评价维度有：

（1）风扇工作模型（O_1^3）：式(7-4)代表工作模型，式(7-5)代表期望模型。

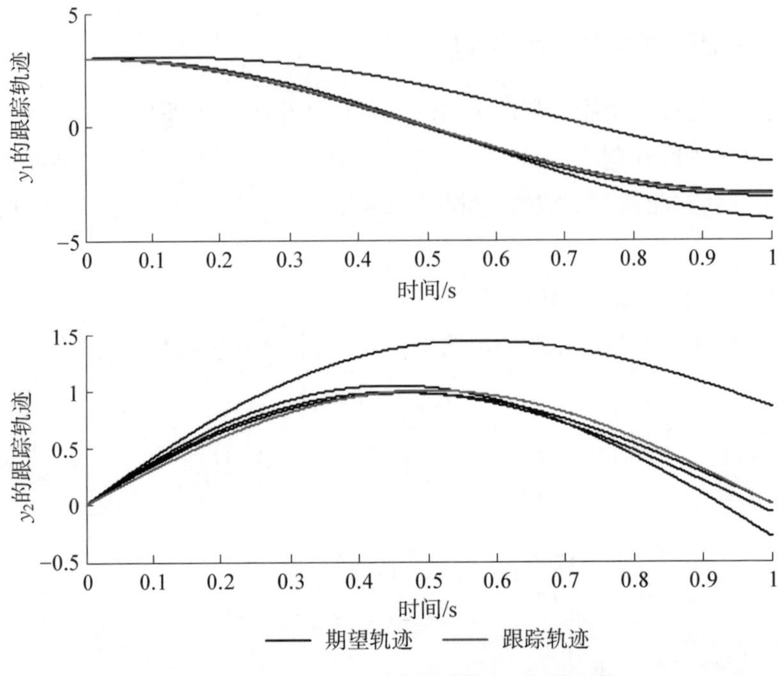

图 7-6 y_1 和 y_2 的迭代输出轨迹(智能冰箱)

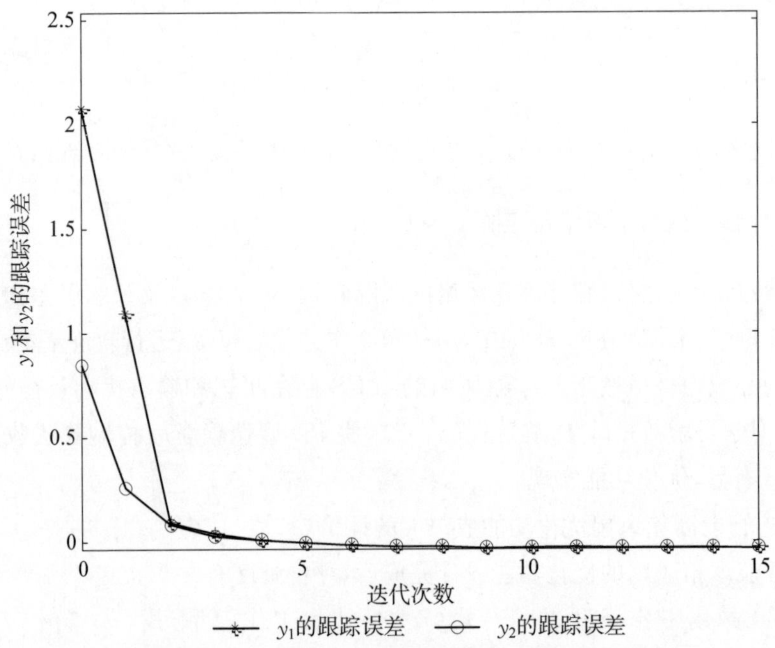

图 7-7 y_1 和 y_2 的跟踪误差曲线(智能冰箱)

(2) PD 型算法(O_2^3):学习增益矩阵 $\boldsymbol{\Gamma}$ 和 $\boldsymbol{L}$ 保证 PD 型算法收敛,从而使 ILCS 有界。

(3) ILCS 的鲁棒性(O_3^3):智能冰箱在有扰动和偏移的干扰中使工作性能最优。

智能冰箱风扇优化功能成熟度的各维度评价标准:高精度(C_1^3)、高可靠性(C_2^3)及响应时间短(C_3^3)。

同理,邀请五位专家用语言变量评价优化功能的标准重要度及指标在标准下的成熟度(表 7-20 和表 7-21)。

表 7-20　标准重要度的语言变量评价(优化)

评价标准	C_1^3	C_2^3	C_3^3
重要度	H, H, H, VH, H	VH, VH, VH, H, H	H, VH, VH, H, H

表 7-21　指标成熟度的语言变量评价(优化)

	C_1^3	C_2^3	C_3^3
O_1^3	H, VH, H, H, H	H, H, H, H, H	H, H, H, M, M
O_2^3	H, H, M, H, VH	VH, VH, H, H, H	M, H, H, H, H
O_3^3	M, H, H, H, M	H, H, H, M, H	VH, H, VH, H, H

5.2.4 小节提供的功能成熟度评价流程根据表 7-20 和表 7-21 中的内容评价优化功能成熟度,见表 7-22。可知智能冰箱风扇优化功能成熟度位于[0.4, 0.6]内,成熟度一般。

表 7-22　智能冰箱优化功能成熟度

评价指标	C_1^3	C_2^3	C_3^3	成熟度值
O_1^3	[0.4096, 0.7056]	[0.4320, 0.7380]	[0.3536, 0.6336]	[0.3984, 0.6924]
O_2^3	[0.3840, 0.6720]	[0.4896, 0.8096]	[0.3808, 0.6688]	[0.4181, 0.7168]
O_3^3	[0.3328, 0.6048]	[0.4032, 0.6992]	[0.4624, 0.7744]	[0.3995, 0.6928]

7.5.2　智能冰箱自主功能的设计

ANFIS 结合多智能体系统可以实现智能冰箱的自主功能。ANFIS 能够处理监测、控制和优化信息,将输出信息传给多智能体系统进行决策,最后采用三角模糊数评价自主功能成熟度。

1) 智能冰箱制冷室的 ANFIS 仿真分析

(1) 选择训练数据。从该家电企业获取 60 条有效数据,包括监测、控制和优化数据,将其分成 2 组,每组有 30 条数据,选择其中一组数据作为训练数据。

(2) 建立模糊推理系统。根据以往知识和专家经验,建立智能冰箱的模糊控制规则库,并选取钟形函数为隶属度函数。

(3) 训练数据。训练算法结合反向传播算法和最小二乘法,结果如图 7-8 所示。

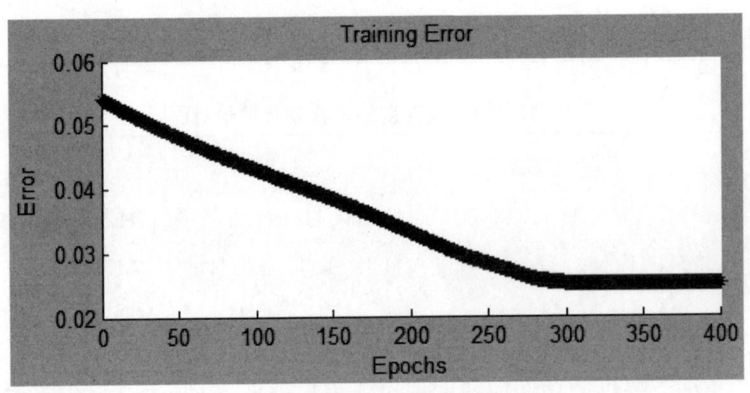

图 7-8　训练误差曲线(智能冰箱)

(4) 验证训练结果。训练完数据后,用测试数据验证训练数据的准确性。测试数据是该家电企业的标准数据,测试结果如图 7-9 所示。训练数据与测试数据的误差为 0.022 932,满足该家电企业的要求。

2) 基于 Q 学习算法的智能体仿真分析

多智能体利用 Q 学习算法对来自 ANFIS 的信息进行决策分析。图 7-10 为智能冰箱的部分结构图,开口代表冷气可以流通。风扇安装在搁架 2 中,现将一些食物放入抽屉 6 中冷藏。Q 学习算法将对状态-动作对的学习,给出冷气从搁架 2 到抽屉 6 流通的最优路径。

Q 学习算法的参数设计如下:$\gamma=0.9$、$r=0$ 或 100(“0”代表与抽屉 6 不流通,“100”代表与抽屉 6 流通)。因此,矩阵 $\boldsymbol{R}$ 为

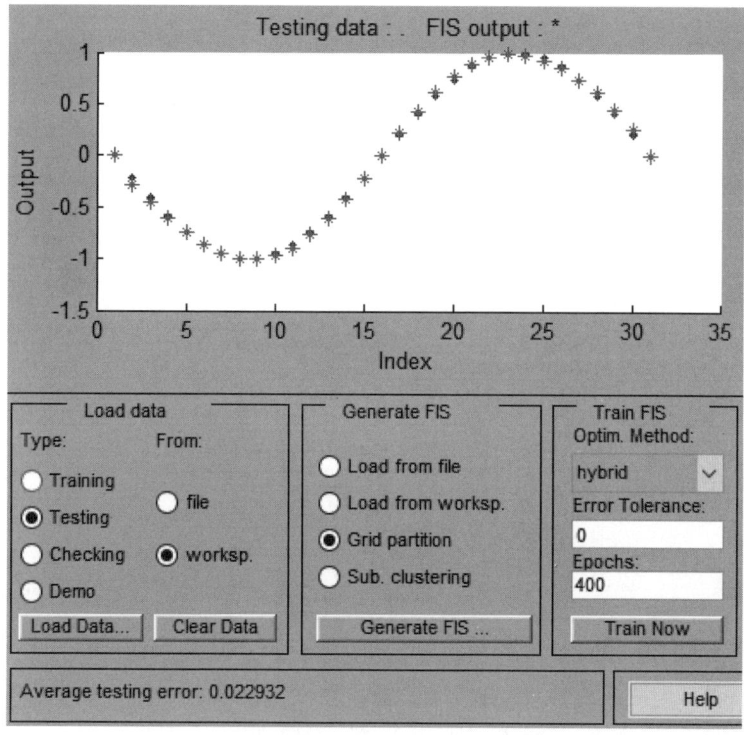

图7-9　训练数据与测试数据对比(智能冰箱)

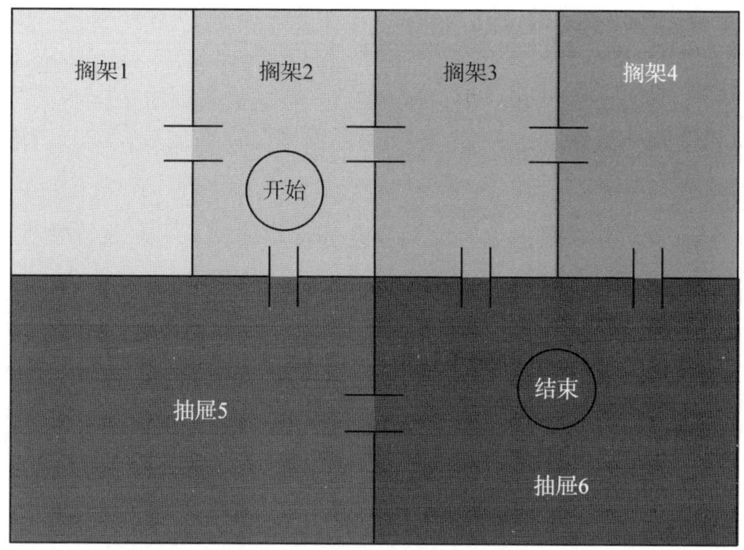

图7-10　智能冰箱工作环境

$$
\boldsymbol{R}=\begin{matrix}1\\2\\3\\4\\5\\6\end{matrix}\begin{bmatrix}-1 & 0 & -1 & -1 & -1 & -1\\0 & -1 & 0 & -1 & 0 & -1\\-1 & 0 & -1 & 0 & -1 & 100\\-1 & -1 & 0 & -1 & -1 & 100\\-1 & 0 & -1 & -1 & -1 & 100\\-1 & -1 & 0 & 0 & 0 & -1\end{bmatrix} \tag{7-6}
$$

式中,−1 代表空值,即没有冷气流通。

Q 学习算法运算后给出制冷路径的回报值,如图 7-11 所示。从图 7-11 中可知搁架 2 到抽屉 6 的最优制冷路径为 2→3→6 或 2→5→6,该路径回报值最大。

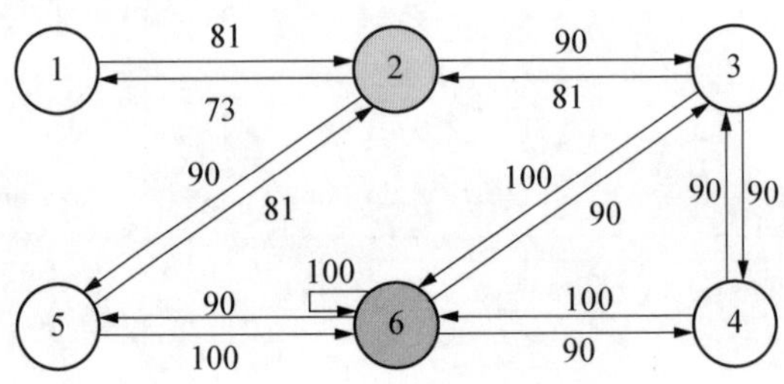

图 7-11 智能冰箱的制冷路径

3) 智能冰箱自主功能成熟度的评价

智能冰箱自主功能评价维度有:

(1) 自动调节温度($O_1{}^4$):根据内、外部温度及食物数量、状态,智能冰箱可以自主调节制冷温度。

(2) 自动关联食物数据库($O_2{}^4$):自动连接食物交易平台及食物保存、烹饪等信息。

(3) 自动提高工作性能($O_3{}^4$):通过软硬件升级来提高智能冰箱的工作性能。

(4) 自主诊断故障及远程服务($O_4{}^4$):利用企业数据库来预测故障、诊断故障及优先远程服务。

智能冰箱自主功能成熟度的各维度评价标准有:智能化程度高($C_1{}^4$)、协调能力强($C_2{}^4$)及服务能力强($C_3{}^4$)。

类似地，五位专家用语言变量评价标准重要度及指标在标准下的成熟度(表 7 - 23 和表 7 - 24)。

表 7 - 23　标准重要度的语言变量评价(自主)

评价标准	C_1^4	C_2^4	C_3^4
重要度	VH, VH, VH, H, VH	VH, H, H, H, VH	H, VH, VH, H, VH

表 7 - 24　指标成熟度的语言变量评价(自主)

评价标准	C_1^4	C_2^4	C_3^4
O_1^4	VH, H, H, H, H	H, H, H, H, H	M, H, H, M, H
O_2^4	H, H, H, H, H	H, VH, H, H, H	M, H, H, VH, H
O_3^4	H, M, H, H, H	M, H, H, M, H	H, H, H, H, H
O_4^4	M, H, H, H, M	H, M, H, H, H	H, VH, H, H, H

结合表 7 - 23 和表 7 - 24 中的内容，利用功能成熟度评价流程(如 5.2.4 小节内容)对自主功能成熟度进行评价，结果见表 7 - 25。智能冰箱的自主功能成熟度处于[0.4, 0.6]中，成熟度一般。

表 7 - 25　智能冰箱自主功能成熟度

评价指标	C_1^4	C_2^4	C_3^4	成熟度值
O_1^4	[0.4864, 0.8064]	[0.4080, 0.7040]	[0.3744, 0.6624]	[0.4229, 0.7243]
O_2^4	[0.4560, 0.7680]	[0.4352, 0.7392]	[0.4320, 0.7360]	[0.4411, 0.7477]
O_3^4	[0.4256, 0.7296]	[0.3536, 0.6336]	[0.4320, 0.7360]	[0.4037, 0.6997]
O_4^4	[0.3952, 0.6912]	[0.3808, 0.6688]	[0.4608, 0.7728]	[0.4123, 0.7109]

7.5.3　智能冰箱系统集成设计

智能冰箱的监测、控制、优化及自主功能设计确定后，将各项功能的系统集成形成闭环，完成智能冰箱概念设计，如图 7 - 12 所示。

智能传感器以“交叉双链”的方式形成 WSN，来监测智能冰箱内食物的温度。采用 K-means 算法处理监测数据，将有效数据对外传递，对故障数据采取措施解决。

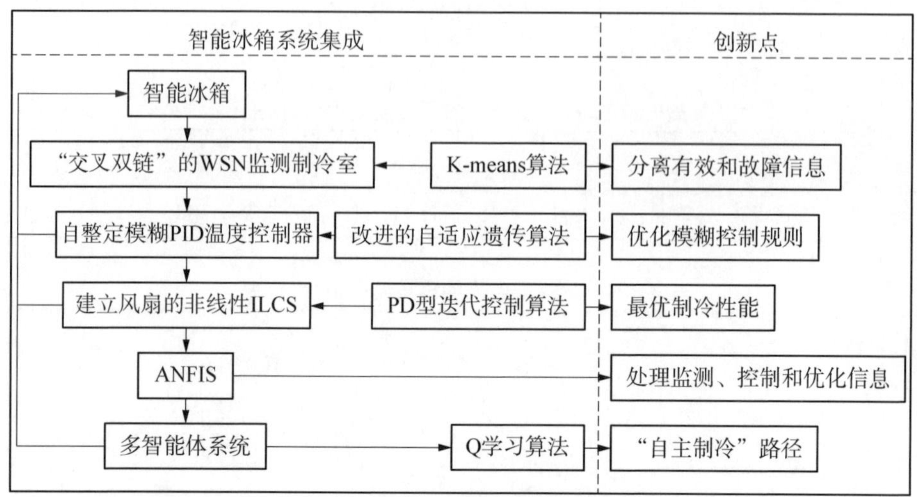

图 7-12　智能冰箱系统集成

温度控制器选用自整定模糊 PID 控制器，来实现智能冰箱面板或 App 操作。采用改进的自适应遗传算法线上优化模糊控制规则，自整定模糊 PID 控制器利用优化的规则减少超调量和调整时间。

根据智能冰箱风扇的实际运行情况，建立带有状态和输出扰动的非线性 ILCS。采用 PD 型迭代学习控制算法保证该 ILCS 有界，优化智能冰箱风扇的运行轨迹，提高制冷效果。

ANFIS 处理智能冰箱的监测、控制与优化信息，可以将输出传给多智能体系统，智能体可以利用 Q 学习算法给出最优制冷策略，最终实现智能冰箱的自主功能，如自动温控制冷、与数据库对接、自动提高制冷效果、故障自诊断及远程服务。

第8章 面向客户价值的智能扫地机器人概念设计

为了进一步系统地验证智能产品概念设计方法的有效性，本章以智能扫地机器人为背景，将智能产品概念设计方法应用于智能扫地机器人概念设计，主要包括智能扫地机器人的客户需求识别与分析，客户需求转换为技术属性，智能扫地机器人的监测、控制、优化与自主功能设计等几个阶段的设计。

8.1 智能扫地机器人技术架构

智能扫地机器人技术架构如图 8 - 1 所示。该技术架构水平方向上有三层：底层是智能扫地机器人的基本组成，实现一些功能；中间层是通信网络，传递智能扫地机器人的信息；顶层是智能系统，处理智能扫地机器人的信息。垂直方向有 App 操作与数据接口：App 操作界面为客户提供个性化体验与服务；数据接口实现系统及软件的升级。下面详细介绍智能扫地机器人技术架构的内容：

(1) 构建地图：采用多点矩阵智能构建地图，然后根据室内布局进行全局规划，不重复地清洁。

(2) 路径规划：按弓字形路径进行清洁，使智能扫地机器人不乱跑、不漏扫、低重复清洁。

(3) 陀螺仪导航：让智能扫地机器人按直线清洁，保证不乱走、不偏航、平衡加速。

(4) 变频吸力：根据地面垃圾量调整电机的吸力，垃圾多的情况，用大功率；垃圾少的情况，用小功率。

(5) 多种清洁方式：根据家居户型、地面垃圾量选择合适的清洁方式，包括

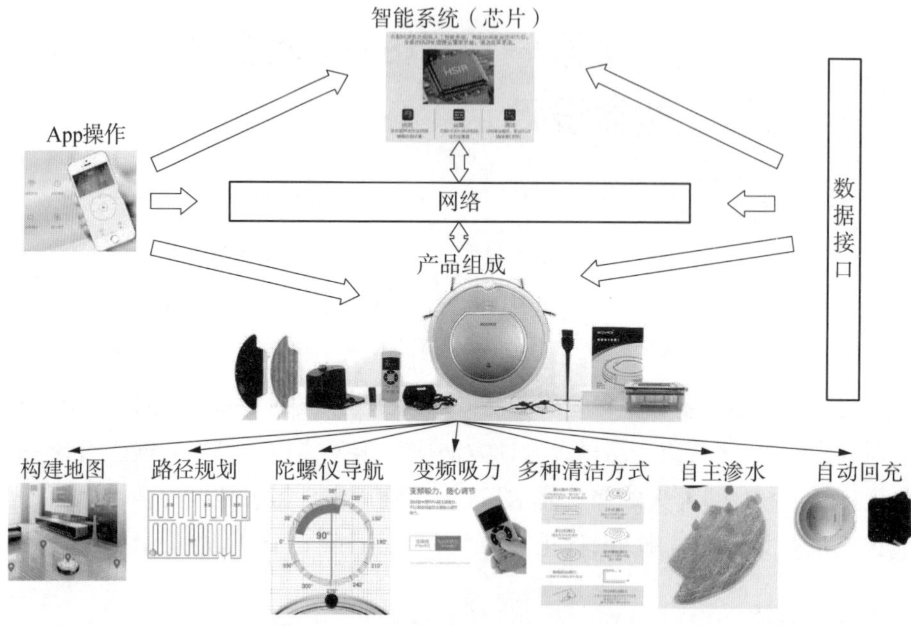

图 8-1 智能扫地机器人技术架构

沿边清洁、交叉清洁、定点清洁等。

(6) 自主渗水:水箱的渗水速度适中,让拖布湿度均匀。

(7) 自动回充:电池的电量即将耗完前,自动返回充电座充电。

(8) 通信网络:在 App、智能扫地机器人及制造商之间传递信息,保证 App 操作、智能扫地机器人自动工作及制造商提升系统与软件。

(9) 智能系统(芯片):内置多种算法,有较强的数据处理能力。根据外界指令快速规划清洁路径,选择合适的清洁方式,使智能扫地机器人自动清洁。

(10) App 操作:随时开启智能扫地机器人工作模式,这不仅可以远程操控,还能进行预约。

(11) 数据接口:制造商通过数据接口对智能扫地机器人进行系统升级及软件优化。

智能扫地机器人工作原理如图 8-2 所示。微型传感器可以监测智能扫地机器人及周围环境,智能系统中的控制器利用监测信息可以控制智能扫地机器人工作,优化智能扫地机器人性能后使其按规定路径清洁,制定的最优清洁策略可以让智能扫地机器人自动清洁地面垃圾。

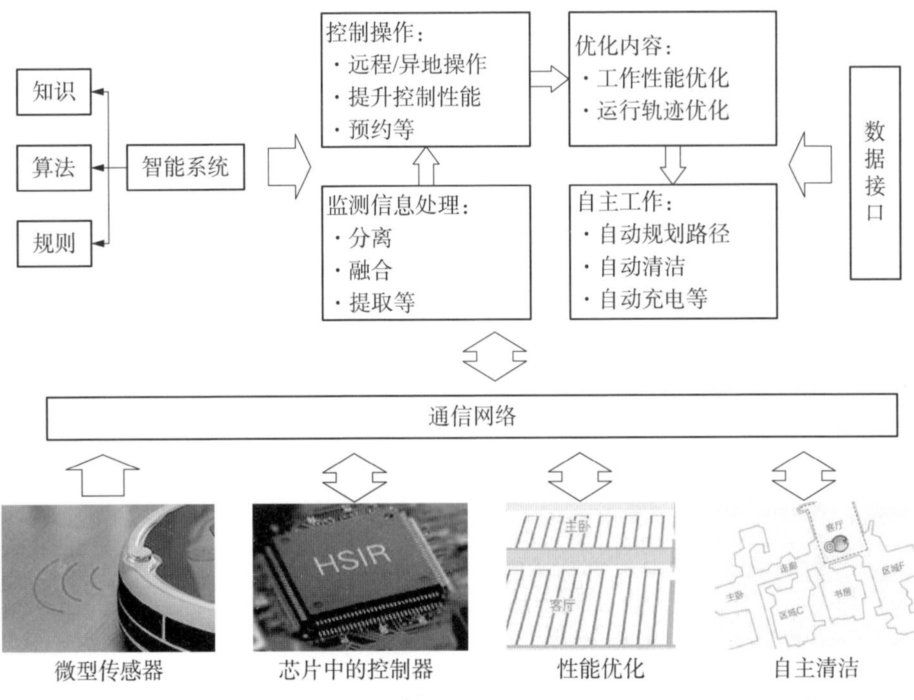

图 8 - 2　智能扫地机器人工作原理

安装在智能扫地机器人上的微型传感器用于监测其工作及周围环境，并将采集的监测信息传给智能系统进行处理，包括数据分离、融合、提取等，将有价值的信息对外传递，对故障信息采取措施解决。

控制系统中的控制器接受监测信息后，优化控制性能，以实现远程或异地操作，特别是 App 操作，可以随时启动智能扫地机器人清洁，并且还能预约。

智能系统根据监测信息及控制功能，利用知识、算法、规则等可以优化智能扫地机器人的工作性能，使其在期望的轨迹上清洁，提高清洁效率。

集成监测、控制与优化信息，智能扫地机器人中的智能系统可以制定清洁策略，实现自主工作，包括自动规划清洁路径、自动清洁、自动充电等。

8.2　智能扫地机器人的客户需求识别与分析

本节为了说明本书提出的基于客户价值最大化的需求识别与分析方法的有效性，选择以智能扫地机器人为例进行验证。智能扫地机器人是一种小型的智能家用电器。它利用人工智能技术，自动完成地面清洁工作，从而把人从体力清洁中解救出来。本例中智能扫地机器人的信息是A公司提供的。A公司研发扫地机器已有20多年的历史，从最初的吸尘器到现在的智能扫地机器人。目前，A公司有一支庞大的研发团队，核心研发人员具有10年以上的研发经验。本节在最大化利益相关者利润的基础上，识别出智能扫地机器人的客户需求与功能需求，是接下来设计智能扫地机器人的重要输入。

8.2.1　智能扫地机器人的客户需求分析

A公司多年来一直很重视客户需求。研发团队通常会主动与各类客户交流，收集智能扫地机器人的客户需求。此外，他们还特别关注客户在使用智能扫地机器人后的各种反馈，进行问题分析并制定解决方案。目前，A公司已经积累了大量的客户需求信息，其根据Kano模型，对客户需求分析如下：

在基本型客户需求中，客户希望智能扫地机器人能监测房间摆设，清理房间垃圾。在工作过程中，一旦出现故障对外发出信号，如故障灯会亮、停止工作等，让客户接受故障信息。

在期望型客户需求中，客户能用遥控器或手机随心所欲的操作智能扫地机器人。根据房子面积、地板类型(木质、地毯、大理石等)、家居摆设等设计智能扫地机器人。智能扫地机器人在较短时间内找到并清扫地面的灰尘、吸附大颗粒垃圾、除去地毯的毛发等。当智能扫地机器人不能正常工作时，企业能诊断出故障并进行维修，使其继续清理房间垃圾。

在兴奋型客户需求中，客户启动智能扫地机器人，它就能自主切换清洁方式来清理房间垃圾。在运行过程中，自动与其他家用电器协调配合，并解决与家具的碰撞、上下坡、跌落等问题。使用智能扫地机器人时，可以通过软硬件升级自动提高清洁能力。企业主动提供服务，包括故障预测、自动诊断及修复。

综上所述，客户对智能扫地机器人的需求见表8-1。

表8-1　智能扫地机器人的客户需求

客户需求类型	关键内容
基本型	CR_{11}：监测房间摆设，清理地面垃圾
	CR_{12}：遇到故障，对外发出警告信号

（续表）

客户需求类型	关键内容
期望型	CR_{21}：遥控器、手机操作智能扫地机器人
	CR_{22}：根据房间布局设计智能扫地机器人
	CR_{23}：提高清洁效率
	CR_{24}：故障诊断和维修
兴奋型	CR_{31}：一键操作
	CR_{32}：自动解决与其他产品之间的问题
	CR_{33}：自动提高清洁能力
	CR_{34}：故障预测、自动诊断和修复

8.2.2　智能扫地机器人的功能需求识别

公理设计能将客户需求转化为功能需求。根据表 8 - 1 总结的客户需求，A 公司研发人员可以识别出智能扫地机器人的功能需求。

在基本型功能需求中，智能扫地机器人能监视自身工作状况，记录房间面积和家居摆设，识别地面垃圾位置，才能进行清洁工作。利用数据处理技术识别出故障，并将故障信号传递给客户。

在期望型功能需求中，通过 Wi-Fi 将手机与控制信号连接，手机可以操作智能扫地机器人。根据房子布局设计智能扫地机器人的颜色、电动机功率、尘盒体积等，优化算法可以使智能扫地机器人快速找到垃圾，并在短时间内稳定工作，提高清洁效率。在清洁过程中，如果智能扫地机器人出现不能清理垃圾、噪声过大、运行速度不正常等现象时，要及时诊断并维修故障。

在兴奋型功能需求中，智能扫地机器人能根据房间面积和垃圾位置自动规划清洁路径，识别垃圾类型后自动选用拖、扫或吸的清洁方式。在智能家居系统中，它可以与其他家电配合工作，并且具有智能防撞、定时预约、自动回充等功能。通过智能软硬件、算法等技术不断优化智能扫地机器人的清洁功能。智能扫地机器人能够与数据库对接，自动预测故障，诊断故障类型及原因，并提供服务。

智能扫地机器人的功能需求见表 8 - 2。

表 8-2 智能扫地机器人的功能需求

功能需求类型		关键内容
基本型	监测功能	FR_{11}:监测工作状况和房间物品(如垃圾、家居、充电座等)
		FR_{12}:发送故障信号
期望型	控制功能	FR_{21}:关联手机与控制信号
		FR_{22}:定制智能扫地机器人
	优化功能	FR_{23}:优化算法提高清洁能力
		FR_{24}:企业实地诊断故障和提供服务
兴奋型	自主功能	FR_{31}:自动清洁,包括自动规划清洁路径和选用清洁方式
		FR_{32}:多个系统协调配合
		FR_{33}:自动优化智能扫地机器人清洁功能
		FR_{34}:自动预测和诊断故障,优先远程服务

8.2.3 智能扫地机器人的价值博弈分析

智能扫地机器人的价值博弈分析分为三个阶段,依次为产品成本与客户价值识别、要价与出价博弈、产品成本与客户价值评价,再次确认智能扫地机器人的客户需求与功能需求。

1) 产品成本与客户价值识别

根据表 8-2 中的功能需求,采用对称三角模糊数来计算产品成本与客户价值,过程如下:

第一步:用语言变量评价产品成本与客户价值。

邀请五位领域专家用语言变量评价产品成本的重要度和实际消耗成本(表 8-3),五位关键客户用语言变量评价客户价值的重要度和实际获取价值(表 8-4)。

表 8-3 智能扫地机器人成本重要度及实际消耗成本的语言变量评价

产品成本	重要度	实际消耗成本
c_1	H, VH, H, H, H	H, M, L, M, L
c_2	M, M, H, M, M	L, L, L, L, L

（续表）

产品成本	重要度	实际消耗成本
c_3	L, L, M, L, M	L, L, M, L, L
c_4	H, H, VH, VH, H	M, L, M, H, M
c_5	H, H, H, H, M	M, L, L, M, L
c_6	M, H, H, M, M	L, M, L, L, L
c_7	VH, VH, VH, VH, VH	M, H, M, M, H
c_8	H, VH, VH, VH, H	L, M, L, L, M
c_9	M, M, H, M, L	L, M, L, L, VL
c_{10}	M, M, H, H, H	L, L, L, M, L

表 8-4　智能扫地机器人价值重要度及实际获取价值的语言变量评价

客户价值	重要度	实际获取价值
v_1	M, L, L, M, L	M, H, H, M, M
v_2	L, L, L, L, L	H, M, M, M, H
v_3	L, L, M, L, L	M, H, M, M, M
v_4	M, H, L, M, L	VH, VH, VH, VH, H
v_5	M, M, L, H, M	H, H, M, H, H
v_6	L, M, M, M, M	M, H, H, H, M
v_7	M, H, H, VH, H	VH, VH, VH, VH, VH
v_8	M, M, H, M, L	H, M, H, M, H
v_9	H, M, M, L, L	H, VH, M, H, H
v_{10}	M, L, M, L, L	VH, M, H, H, M

第二步：将语言变量转化为对称三角模糊数。

在对称三角模糊数中，[0.0, 0.2]、[0.2, 0.4]、[0.4, 0.6]、[0.6, 0.8]、[0.8, 1.0]分别代表产品成本重要度、实际消耗成本及客户价值重要度、实际获取价值较低、低、一般、高、较高。因此，语言变量即转化为对称三角模糊数。

第三步：标准化产品成本重要度、实际消耗成本及客户价值重要度、实际获取价值。

结合式(3－3)、式(3－4)与表8－3、表8－4,计算平均的产品成本重要度、实际消耗成本及客户价值重要度、实际获取价值。然后根据式(3－5)和式(3－6),标准化产品成本重要度、实际消耗成本及客户价值重要度、实际获取价值(表8－5)。

表8－5　智能扫地机器人成本重要度、实际消耗成本及价值重要度、实际获取价值的标准化

功能需求	产品成本	重要度	实际消耗成本	客户价值	重要度	实际获取价值
FR_{11}	c_1	[0.64, 0.84]	[0.36, 0.56]	υ_1	[0.28, 0.48]	[0.48, 0.68]
FR_{12}	c_2	[0.44, 0.64]	[0.20, 0.40]	υ_2	[0.20, 0.40]	[0.48, 0.68]
FR_{21}	c_3	[0.28, 0.48]	[0.24, 0.44]	υ_3	[0.24, 0.44]	[0.44, 0.64]
FR_{22}	c_4	[0.68, 0.88]	[0.40, 0.60]	υ_4	[0.36, 0.56]	[0.76, 0.96]
FR_{23}	c_5	[0.56, 0.76]	[0.28, 0.48]	υ_5	[0.40, 0.60]	[0.56, 0.76]
FR_{24}	c_6	[0.48, 0.68]	[0.24, 0.44]	υ_6	[0.36, 0.56]	[0.52, 0.72]
FR_{31}	c_7	[0.80, 1.00]	[0.48, 0.68]	υ_7	[0.60, 0.80]	[0.80, 1.00]
FR_{32}	c_8	[0.72, 0.92]	[0.28, 0.48]	υ_8	[0.40, 0.60]	[0.52, 0.72]
FR_{33}	c_9	[0.40, 0.60]	[0.20, 0.40]	υ_9	[0.36, 0.56]	[0.60, 0.80]
FR_{34}	c_{10}	[0.52, 0.72]	[0.24, 0.44]	υ_{10}	[0.28, 0.48]	[0.56, 0.76]

第四步:计算产品总成本与客户总价值。

根据式(3－7)～式(3－10)及表8－5,计算出其他利益相关者为了研究智能扫地机器人付出的产品总成本为0.424,客户使用智能扫地机器人获取的客户总价值为0.715。

2) 其他利益相关者要价与客户出价博弈

为了进一步计算其他利益相关者的要价与产品成本之间的关系,以及客户出价与客户价值之间的关系,设其他利益相关者要价 $p_c(c)$ 是产品成本 c 的函数,客户出价 $p_\upsilon(\upsilon)$ 是客户价值 υ 的函数,其中 $p_c(c)$ 和 $p_\upsilon(\upsilon)$ 是共同知识。策略组合 $p_c(c)$ 和 $p_\upsilon(\upsilon)$ 构成贝叶斯均衡,则要求以下两个条件成立。

(1) 其他利益相关者最优条件:对于产品成本 c,$p_c^*(c)$ 是下列最优化问题的解。

$$\max_{p_c}\left(\frac{1}{2}\{p_c+E[p_v(v)\mid p_v(v)\geqslant p_c]\}-c\right)Pr[p_v(v)\geqslant p_c] \quad (8-1)$$

式中　$E[p_v(v)\mid p_v(v)\geqslant p_c]$——其他利益相关者要价低于客户出价的情况下，其他利益相关者预期客户的出价；

$Pr[p_v(v)\geqslant p_c]$——其他利益相关者要价低于客户出价的概率。

(2) 客户最优条件：对于客户价值 v，$p_v^*(v)$ 是下列最优化问题的解。

$$\max_{p_v}\left(v-\frac{1}{2}\{p_v+E[p_c(c)\mid p_v\geqslant p_c(c)]\}\right)Pr[p_v\geqslant p_c(c)] \quad (8-2)$$

式中　$E[p_c(c)\mid p_v\geqslant p_c(c)]$——其他利益相关者要价低于客户出价的情况下，客户预期其他利益相关者的要价；

$Pr[p_v\geqslant p_c(c)]$——其他利益相关者要价低于客户出价的概率。

该博弈存在很多的贝叶斯均衡，为了简化计算，这里考虑线性策略下的均衡。

$$p_c(c)=\alpha_c+\beta_c c \quad (8-3)$$

$$p_v(v)=\alpha_v+\beta_v v \quad (8-4)$$

式中　α_c、β_c、α_v、β_v——函数的系数。

根据式(8-3)得

$$Pr[p_v(v)\geqslant p_c]=\frac{\alpha_v+\beta_v-p_c}{\beta_v} \quad (8-5)$$

$$E[p_v(v)\mid p_v(v)\geqslant p_c]=\frac{\alpha_v+\beta_v+p_c}{2} \quad (8-6)$$

将式(8-5)和式(8-6)代入式(8-1)，得

$$\max_{p_c}\left[\frac{1}{2}\left(p_c+\frac{\alpha_v+\beta_v+p_c}{2}\right)-c\right]\times\frac{\alpha_v+\beta_v-p_c}{\beta_v} \quad (8-7)$$

对式(8-7)求一阶偏导并令结果等于 0，得

$$p_c=\frac{1}{3}(\alpha_v+\beta_v)+\frac{2}{3}c \quad (8-8)$$

同理，计算 p_v。

由式(8-4)得

$$Pr[p_v \geqslant p_c(c)] = \frac{p_v - \alpha_c}{\beta_c} \tag{8-9}$$

$$E[p_c(c) \mid p_v \geqslant p_c(c)] = \frac{\alpha_c + p_v}{2} \tag{8-10}$$

将式(8-9)和式(8-10)代入式(8-2),得

$$\max_{p_v}\left[v - \frac{1}{2}\left(p_v + \frac{\alpha_c + p_v}{2}\right)\right] \times \frac{p_v - \alpha_c}{\beta_c} \tag{8-11}$$

对式(8-11)求一阶偏导并令结果等于0,得

$$p_v = \frac{1}{3}\alpha_c + \frac{2}{3}v \tag{8-12}$$

根据式(8-3)、式(8-4)、式(8-8)和式(8-12),可得线性均衡策略为

$$\begin{cases} p_c(c) = \dfrac{1}{4} + \dfrac{2}{3}c \\ p_v(v) = \dfrac{1}{12} + \dfrac{2}{3}v \end{cases} \tag{8-13}$$

以下针对上述结论进行讨论:

(1) 智能扫地机器人交易不发生:当其他利益相关者的要价 $p_c(c)$ 低于产品成本 c,即 $p_c(c) < c$,根据式(8-13)求解得 $c > 3/4$,所以 $3/4 < p_c(c) < 1$ 满足其他利益相关者要价要求,但是高于客户出价 $p_v(v)[p_v(v) \leqslant 3/4]$,智能扫地机器人交易不会发生。

同理,当客户出价 $p_v(v)$ 高于客户价值 v,即 $p_v(v) > v$,根据式(8-13)求解得 $v < 1/4$,所以 $0 \leqslant p_v(v) < 1/4$ 满足客户出价要求,但是低于其他利益相关者的最低要价 $p_c(c)[1/4 \leqslant p_c(c)]$,智能扫地机器人交易不会发生。

(2) 智能扫地机器人交易发生:智能扫地机器人交易发生的条件为

$$p_v(v) \geqslant p_c(c) \tag{8-14}$$

根据式(8-13)和式(8-14)求解后得到

$$v \geqslant c + \frac{1}{4} \tag{8-15}$$

但事后效率要求 $v \geqslant c > 0$ 时，智能扫地机器人交易就应该发生，所以智能扫地机器人在线性均衡策略下的交易区域如图 8-3 所示（$c > 0$）。

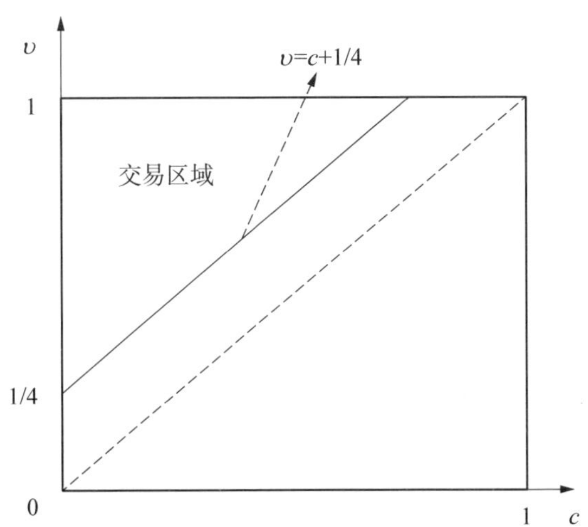

图 8-3　智能扫地机器人线性均衡策略的交易区域

除了线性均衡策略外还有其他的均衡。如其他利益相关者与客户都不认真出价，$p_c=1$ 与 $p_v=0$ 是一个均衡，还存在连续的单一价格（p）均衡策略。如果其他利益相关者付出产品成本 $c \leqslant p$，则其他利益相关者要价为 p，否则 $p_c=1$，即其他利益相关者不卖智能产品；如果客户价值 $v \geqslant p$，则客户出价为 p，否则 $p_v=0$，即客户不买智能扫地机器人。单一价格均衡策略的交易区域如图 8-4 所示（$c > 0$）。

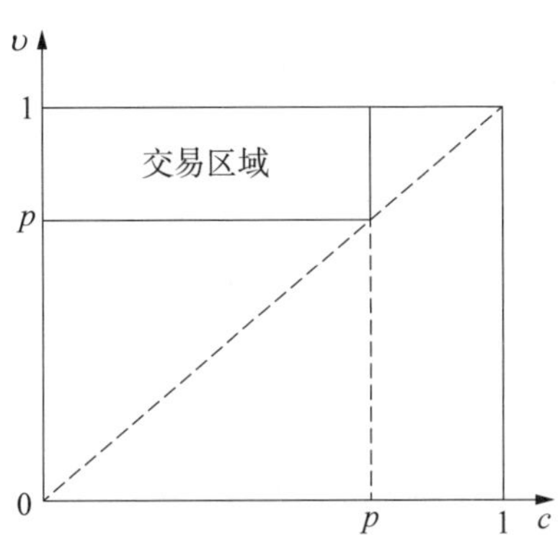

图 8-4　智能扫地机器人单一价格均衡策略的交易区域

从上述均衡结果可知，最有价值的交易是：在其他利益相关者付出产品成本越小越好的情况下，客户获取价值越大越好。此外，单一价格均衡策略使智能扫地机器人实现部分有价值的交易，错过了另外一些有价值的交易，所以线性均衡策略的净收益比单一价格均衡策略要高。而且在均匀分布的情况下，线性均衡策略比贝叶斯其他均衡产生的净剩余都高。

在产品成本与客户价值识别中，计算出其他利益相关者付出总成本为0.424，客户获取总价值为0.714，完全满足图8-4中的交易区域要求，所以智能扫地机器人交易会发生。根据式(8-13)，计算出其他利益相关者要价为0.533，客户出价为0.559，进而确定交易价为0.546。因此，其他利益相关者利润为0.122，被所有参与智能扫地机器人研制的利益相关者共享，客户利润为0.168。下面举例说明智能扫地机器人交易过程：

假如某一个型号的智能扫地机器人交易价为2000元，则其他利益相关者要价为1952元，付出总成本为1553元，利润为447元；客户出价为2048元，获取总价值为2615元，利润为615元。

3）产品成本与客户价值评价

当智能扫地机器人交易信息确定后，需要对产品成本与客户价值进行评价，进一步确认客户需求与功能需求。如果其他利益相关者不满意产品总成本、要价或利润，可以调整功能需求及对应的客户需求。类似地，如果客户不满意客户总价值、出价或利润，可以调整功能需求与客户需求。最终使各利益相关者对智能扫地机器人交易信息达成一致。

根据表8-5，产品成本排序为$c_7 > c_4 > c_1 > c_8 > c_5 > c_{10} > c_6 > c_2 > c_9 > c_3$，客户价值排序为$v_7 > v_4 > v_5 > v_9 > v_8 > v_6 > v_{10} > v_1 > v_3 > v_2$，各利益相关者支持智能扫地机器人交易。在后续设计中，将自动清洁(FR_{31})和个性化定制(FR_{22})作为重点设计方向，并降低产品成本；App操作(FR_{21})和故障通知(FR_{12})投入较低的成本研究，并要提高智能化水平。

因此，表8-1可以确定智能扫地机器人的客户需求，表8-2可以确定智能扫地机器人的功能需求，作为下一节的关键输入。

8.3 智能扫地机器人的客户需求向技术属性转化

为了验证本节中客户需求向技术属性转化方法的有效性，本节仍以智能扫地机器人为例进行说明。由于智能扫地机器人是面向客户设计的，上一章案例确定了客户需求与功能需求，本节会将客户需求和功能需求集成到概念设计中。首先，根据功能需求识别出智能扫地机器人的技术属性；其次，建立客户需求与技术属性之间的关系，评价技术属性的重要度；最后，识别出技术属性之间的冲突，并解决这些冲突，得到的技术属性是下一节模块划分的关键输入。

8.3.1　智能扫地机器人技术属性识别

在智能扫地机器人的技术属性识别过程中，首先根据功能需求识别出技术属性集，其次通过层次分类法构建技术属性层次结构，最后比较智能扫地机器人的技术属性与其他企业扫地机器人的技术属性，分析识别的技术属性可行性。

1）识别智能扫地机器人的技术属性集

根据功能需求与现有的技术条件，识别出智能扫地机器人的技术属性集（表 8－6），来满足不同的功能需求。

表 8－6　智能扫地机器人的技术属性集

功能需求	技术属性
FR_{11}	由 30 个传感器组成的 WSN 能够监测智能扫地机器人工作，传感器主要功能有： 1. 滚轮的传感器：定位坐标和移动方向，及时修复行走中细微的变化； 2. 保险杆的防撞传感器：感应距离精确到 2 cm； 3. 底部的防跌落传感器：感应高度为 7 cm； 4. 顶部的回充传感器：感应充电器，自动回充； 5. 垃圾盒的传感器：感应垃圾。如果满了就压缩，不能压缩就语音提示
FR_{12}	数据融合算法：分析监测数据，将故障消息传给故障灯
	故障灯：对外传递故障消息，并配有语音提示
FR_{21}	触屏操作：一键操作、电池指示灯、故障灯（伴有语音）、垃圾盒显示灯等
	遥控器操作：启动、暂停、自动回充、定时预约（1 次）等
	手机通过 Wi-Fi 远程操作：选择清洁模式、7 天随心预约、设置环境等
FR_{22}	两档吸力：普通吸力和强劲吸力
	清扫模式：单间规划、延边清扫、定点清扫、自动清扫、定时清扫等
	操作方式：触屏、遥控器或手机
	清洁方式：只扫不拖（针对地毯）和前扫后拖（先清扫、再湿拖、最后干抹）

（续表）

功能需求	技术属性
FR_{23}	迭代学习控制算法：在短时间内稳定工作
FR_{24}	黑匣子系统：记录运行数据，维修人员读取数据进行修复
FR_{31}	清洁路径：利用构建的地图，自动规划“弓”字形清洁路线
	室内 GPS 导航系统：按规定路径清洁
	芯片：储存清洁记忆，及时补漏、断点续航、纠正清扫路线
	自动回充：清扫完毕或电量即将耗尽之时，自动返回充电座
FR_{32}	控制系统：自动与其他家电协调工作
FR_{33}	数据接口：共享系统升级，优化算法
FR_{34}	数据分析算法：通过数据接口主动关联数据库，预测故障，远程诊断及服务

2）构建技术属性层次结构

采用层次分类法构建技术属性层次结构，如图 8－5 所示。其中，FR 代表功能需求，FR_i 代表功能需求项，TA_i 代表技术属性项，TA_{ij} 代表基本技术属性项。WSN 能够监测智能扫地机器人的工作和周围环境。采用 K-means 算法提取故障信息，经故障灯对外发送，并伴有语音提示。触屏界面、遥控器和手机利用模糊 PID 控制器操作智能扫地机器人。毛刷电机、吸尘电机和驱动电机均选用数码无刷电机，智能变频吸力，两档吸力任意切换。边刷、滚刷及吸尘电机形成的真空吸力清扫地面垃圾，经过滤系统和压缩装置后，储存在垃圾盒内。水箱均匀渗水，先湿拖后干抹。迭代学习控制算法在短时间内优化智能扫地机器人性能，使其稳定工作。黑匣子记录运行数据，供维修人员使用。智能扫地机器人利用构建的地图，让滚轮和万向轮按“弓”字形路线行走。在清洁过程中，GPS 导航系统指导清洁路径，控制系统中的芯片记忆清洁路线。当清扫结束或电量快耗完时，自动寻找充电座进行充电。工作中遇到其他家电，智能扫地机器人自动协调。控制系统中留有数据接口，升级系统和优化算法，提高清洁功能。通过数据接口连接到企业数据库，经数据分析后能预测故障，并进行远程诊断和提供服务。

3）智能扫地机器人的技术属性可行性分析

为了分析智能扫地机器人技术属性的可行性，将识别的技术属性与 ECOVRCS（科沃斯）、IROBOT（艾罗伯特）及 Proscenic（憬源丰）等企业的扫地

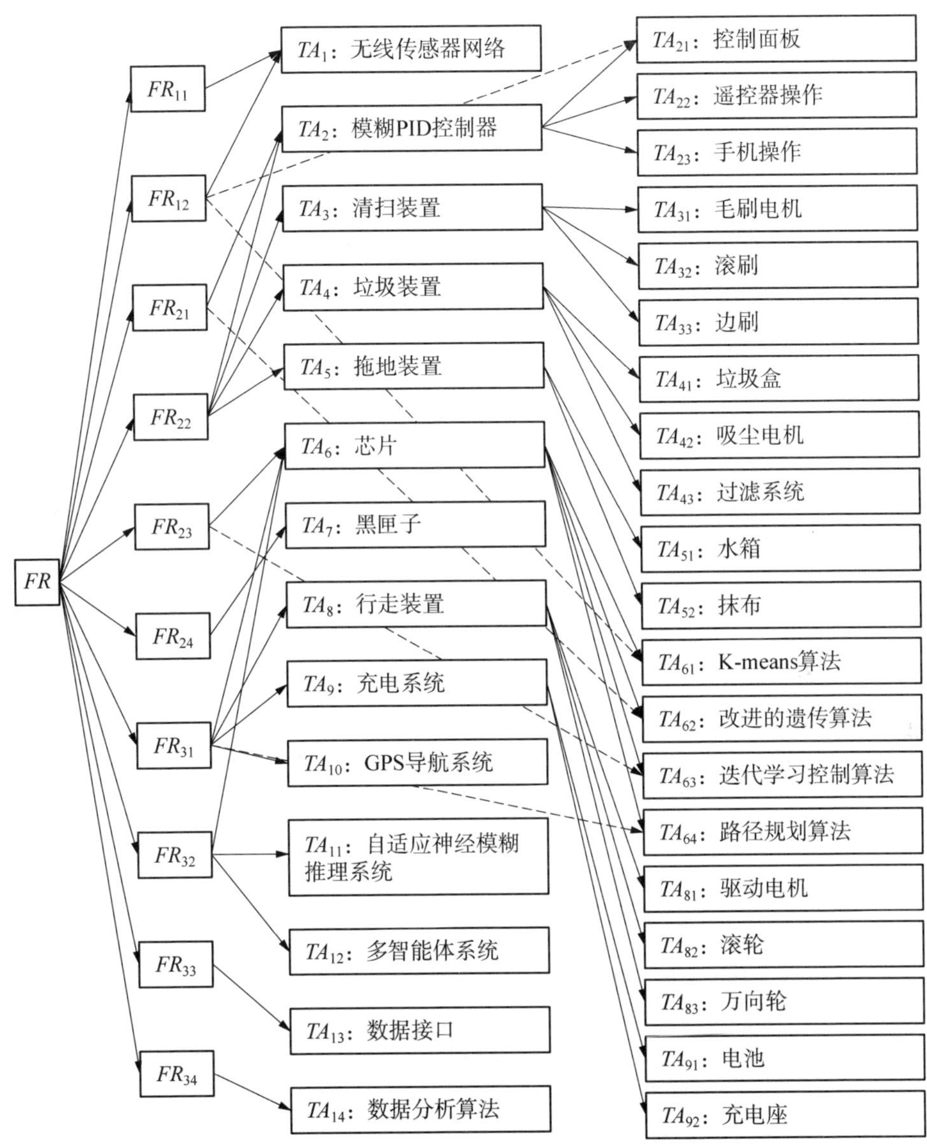

图 8-5　智能扫地机器人技术属性层次结构

机器人技术属性进行对比，结果见表 8-7。除了自适应神经模糊推理系统(TA_{11})和多智能体系统(TA_{12})外，其他技术属性均已实现。智能扫地机器人是智能家居的一部分，普通扫地机器人没有考虑这点。在智能家居系统中，智能扫地机器人利用 TA_{11} 处理多输入数据，将输出信息传递给 TA_{12} 进行智能决策，实现自主功能，如自主工作、自动与其他产品或系统配合。

表 8 - 7　智能扫地机器人与其他扫地机器人的技术属性对比

技术属性	ECOVRCS	IROBOT	Proscenic
TA_1	√	√	√
TA_2	√	无 App,有语言提示	√
TA_3	√	√	√
TA_4	√	√	√
TA_5	√	√	√
TA_6	ICS 芯片	iAdapt	ARM 芯片
TA_7	×	√	×
TA_8	√	√	√
TA_9	√	√	√
TA_{10}	DR95 扫描技术	灯塔导航	GPS 导航
TA_{11}	×	×	×
TA_{12}	×	×	×
TA_{13}	×	√	×
TA_{14}	×	√	×

8.3.2　智能扫地机器人的技术属性重要度评价

在模糊 QFD 中,智能扫地机器人的客户需求先转化为技术属性,然后采用改进的模糊 TOPSIS 来评价技术属性重要度。

1) 客户需求转换为技术属性

第一步:通过语言变量评价客户需求重要度和 $CR-TA$ 关系。

根据表 8 - 1,五位关键客户用语言变量评价客户需求重要度(表 8 - 8)。在图 4 - 3 中,一些基本技术属性可能独立工作,一些按顺序工作,剩下要相互配合完成工作。为了简化计算,用技术属性代表基本技术属性。类似地,五位领域专家用语言变量评价 $CR-TA$ 关系,见表 8 - 9。

表 8-8　语言变量评价客户需求重要度

客户需求	CR_{11}	CR_{12}	CR_{21}	CR_{22}	CR_{23}
重要度	M，H，H，M，H	L，M，L，L，L	M，M，H，M，L	VH，H，H，VH，H	L，M，L，M，M
客户需求	CR_{24}	CR_{31}	CR_{32}	CR_{33}	CR_{34}
重要度	L，M，L，L，M	VH，VH，VH，VH，VH	L，L，L，L，L	M，L，M，M，M	L，M，L，M，M

表 8-9　语言变量评价 *CR*-*TA* 关系

客户需求	技术属性						
	TA_1	TA_2	TA_3	TA_4	TA_5	TA_6	TA_7
CR_{11}	VS，VS，VS，VS，VS						
CR_{12}	M，W，M，M，S	W，W，W，W，W				S，S，S，S，S	
CR_{21}		VS，VS，VS，VS，VS				M，W，M，S，M	
CR_{22}		M，S，S，S，S	W，M，M，M，S		M，M，M，M，M		
CR_{23}			W，M，S，M，M	VW，W，VW，W，VW	M，W，M，W，M	S，M，M，S，M	
CR_{24}						W，M，W，W，M	W，W，W，W，W
CR_{31}	M，S，S，M，M	M，S，S，M，S	M，M，M，M，M	W，W，W，M，M	M，W，M，M，W	S，VS，VS，VS，VS	
CR_{32}	M，M，M，W，M					M，S，M，M，W	
CR_{33}						S，M，M，M，S	
CR_{34}						M，S，M，M，S	W，M，M，W，W

（续表）

客户需求	技术属性						
	TA_8	TA_9	TA_{10}	TA_{11}	TA_{12}	TA_{13}	TA_{14}
CR_{11}							
CR_{12}							
CR_{21}							
CR_{22}							
CR_{23}						[0.064 0, 0.208 0]	
CR_{24}							
CR_{31}	[0.064 0, 0.280 0]	[0.192 0, 0.440 0]	[0.320 0, 0.600 0]	[0.192 0, 0.440 0]	[0.224 0, 0.480 0]		
CR_{32}			[0.064 0, 0.208 0]	[0.080 0, 0.240 0]	[0.096 0, 0.272 0]		
CR_{33}						[0.144 0, 0.336 0]	
CR_{34}							[0.064 0, 0.208 0]

第二步：将语言变量转化为对称三角模糊数。

在对称三角模糊数中，[0.0, 0.2]、[0.2, 0.4]、[0.4, 0.6]、[0.6, 0.8]、[0.8, 1.0]分别代表重要度较低或关系较弱、重要度低或关系弱、重要度一般或关系一般、重要度高或关系强、重要度较高或关系较强。

第三步：计算加权标准化的 $CR-TA$ 关系矩阵。

根据式(4-3)～式(4-7)，计算加权标准化的 $CR-TA$ 关系矩阵(表 8-10)。

表 8-10　加权标准化的 $CR-TA$ 关系矩阵

客户需求	技术属性						
	TA_1	TA_2	TA_3	TA_4	TA_5	TA_6	TA_7
CR_{11}	[0.416 0, 0.720 0]						
CR_{12}	[0.096 0, 0.264 0]	[0.080 0, 0.176 0]				[0.144 0, 0.352 0]	

（续表）

客户需求	技术属性						
	TA$_1$	TA$_2$	TA$_3$	TA$_4$	TA$_5$	TA$_6$	TA$_7$
CR_{21}		[0.3200, 0.6000]				[0.1600, 0.3600]	
CR_{22}		[0.3808, 0.6688]	[0.2720, 0.5280]		[0.2720, 0.5280]		
CR_{23}			[0.1280, 0.3120]	[0.0256, 0.1456]	[0.1024, 0.2704]	[0.1536, 0.3536]	
CR_{24}						[0.0784, 0.2304]	[0.0560, 0.1920]
CR_{31}	[0.3840, 0.6800]	[0.4160, 0.7200]	[0.3200, 0.6000]	[0.2240, 0.4800]	[0.2560, 0.5200]	[0.6080, 0.9600]	
CR_{32}	[0.0720, 0.2240]					[0.0800, 0.2400]	
CR_{33}						[0.1728, 0.3808]	
CR_{34}						[0.1536, 0.3536]	[0.0896, 0.2496]

2）技术属性重要度评价

第一步：构建模糊决策矩阵。

加权标准化的 $CR-TA$ 关系矩阵的转矩阵就是模糊决策矩阵。

第二步：确定模糊正理想解和模糊负理想解。

根据式(4－19)～式(4－24)，确定模糊正理想解和模糊负理想解为

$$A^{+}=\{[0.4160, 0.7200], [0.2640, 0.3520], [0.3600, 0.6000], [0.5280, 0.6688], [0.3120, 0.3536], [0.1920, 0.2304], [0.7200, 0.9600], [0.2400, 0.2720], [0.3360, 0.3808], [0.2496, 0.3536]\}$$

$$A^{-}=\{[0.4160, 0.7200], [0.0800, 0.0960], [0.1600, 0.3200], [0.2720, 0.3808], [0.0256, 0.0640], [0.0560, 0.0784], [0.0640, 0.1920], [0.0640, 0.0720], [0.1440, 0.1728], [0.0640, 0.0896]\}$$

第三步：计算每个技术属性到模糊正理想解和模糊负理想解的距离。

根据式(4-25)~式(4-26),计算智能扫地机器人的技术属性到模糊正理想解和模糊负理想解的距离,见表8-11。

表8-11 技术属性的 d_i^+、d_i^-、CC_i 及重要度排序(改进的模糊TOPSIS)

技术属性	d_i^+	d_i^-	贴近度系数	重要度排序
TA_1	0.1249	0.1841	0.5958	3
TA_2	0.1145	0.2900	0.7169	2
TA_3	0.1994	0.1519	0.4324	4
TA_4	0.2998	0.0538	0.1521	10
TA_5	0.2676	0.0978	0.2677	7
TA_6	0.0927	0.5794	0.8621	1
TA_7	0.0261	0.0144	0.3556	6
TA_8	0.4463	0.0026	0.0058	14
TA_9	0.2746	0.0365	0.1173	13
TA_{10}	0.1600	0.1183	0.4251	5
TA_{11}	0.2852	0.0469	0.1412	12
TA_{12}	0.2451	0.0674	0.2157	9
TA_{13}	0.0554	0.0181	0.2463	8
TA_{14}	0.0276	0.0047	0.1455	11

第七步:计算贴近度系数。

根据式(4-27),计算贴近度系数。因此,得到技术属性重要度排序见表8-11。明显地,智能扫地机器人强调与外界互动,从而实现自主工作。此外,TA_6(芯片)、TA_2(模糊PID控制器)、TA_1(无线传感器网络)排在前面,后续设计时需要注意。

8.3.3 智能扫地机器人的技术冲突解决

当完成智能扫地机器人的技术属性重要度评价后,下一步便是解决技术属性之间的冲突。以垃圾装置与水箱技术属性冲突为例进行解决。垃圾盒(TA_{41})的容量是属性值,吸尘电机(TA_{42})的吸力是属性值,过滤系统(TA_{43})

的净化程度是属性值，水箱（TA_{51}）的容量是属性值。冲突识别与解决过程如下：

第一步：构建决策系统。

A 公司花了 3 年时间调研了 9 家企业的 30 个多不同型号智能扫地机器人，总结出 TA_{41}、TA_{42}、TA_{43} 和 TA_{51} 属性值之间的关系（表 8－12）。其中，1 代表容量较小、吸力较小及净化程度较低；9 表示容量较大、吸力较大及净化程度较高。

表 8－12　智能扫地机器人的部分技术属性的决策表

No.	TA_{42}	TA_{43}	TA_{41}	TA_{51}	No.	TA_{42}	TA_{43}	TA_{41}	TA_{51}	No.	TA_{42}	TA_{43}	TA_{41}	TA_{51}
1	1	1	1	7	19	1	7	7	3	37	3	5	3	7
2	1	1	3	7	20	1	7	9	1	38	3	5	5	5
3	1	1	5	5	21	1	9	1	7	39	3	5	7	3
4	1	1	7	3	22	1	9	3	7	40	3	5	9	1
5	1	1	9	1	23	1	9	5	5	41	3	7	1	7
6	1	3	1	7	24	1	9	7	3	42	3	7	3	7
7	1	3	3	7	25	1	9	9	1	43	3	7	5	5
8	1	3	5	5	26	3	1	1	7	44	3	7	7	3
9	1	3	7	3	27	3	1	3	7	45	3	7	9	1
10	1	3	9	1	28	3	1	5	5	46	3	9	1	7
11	1	5	1	7	29	3	1	7	3	47	3	9	3	7
12	1	5	3	7	30	3	1	9	1	48	3	9	5	5
13	1	5	5	5	31	3	3	1	7	49	3	9	7	3
14	1	5	7	3	32	3	3	3	7	50	3	9	9	1
15	1	5	9	1	33	3	3	5	5	51	5	1	1	7
16	1	7	1	7	34	3	3	7	3	52	5	1	3	7
17	1	7	3	7	35	3	3	9	1	53	5	1	5	5
18	1	7	5	5	36	3	5	1	7	54	5	1	7	3

（续表）

No.	TA_{42}	TA_{43}	TA_{41}	TA_{51}	No.	TA_{42}	TA_{43}	TA_{41}	TA_{51}	No.	TA_{42}	TA_{43}	TA_{41}	TA_{51}
55	5	1	9	1	79	7	1	7	3	103	9	1	5	5
56	5	3	1	7	80	7	1	9	1	104	9	1	7	3
57	5	3	3	7	81	7	3	1	7	105	9	1	9	1
58	5	3	5	5	82	7	3	3	7	106	9	3	1	7
59	5	3	7	3	83	7	3	5	5	107	9	3	3	7
60	5	3	9	1	84	7	3	7	3	108	9	3	5	5
61	5	5	1	7	85	7	3	9	1	109	9	3	7	3
62	5	5	3	7	86	7	5	1	7	110	9	3	9	1
63	5	5	5	5	87	7	5	3	7	111	9	5	1	7
64	5	5	7	3	88	7	5	5	5	112	9	5	3	7
65	5	5	9	1	89	7	5	7	3	113	9	5	5	5
66	5	7	1	7	90	7	5	9	1	114	9	5	7	3
67	5	7	3	7	91	7	7	1	7	115	9	5	9	1
68	5	7	5	5	92	7	7	3	7	116	9	7	1	7
69	5	7	7	3	93	7	7	5	5	117	9	7	3	7
70	5	7	9	1	94	7	7	7	3	118	9	7	5	5
71	5	9	1	7	95	7	7	9	1	119	9	7	7	3
72	5	9	3	7	96	7	9	1	7	120	9	7	9	1
73	5	9	5	5	97	7	9	3	7	121	9	9	1	7
74	5	9	7	3	98	7	9	5	5	122	9	9	3	7
75	5	9	9	1	99	7	9	7	3	123	9	9	5	5
76	7	1	1	7	100	7	9	9	1	124	9	9	7	3
77	7	1	3	7	101	9	1	1	7	125	9	9	9	1
78	7	1	5	5	102	9	1	3	7					

第二步:确定两项技术属性的属性值。

在垃圾装置中,当有两项技术属性的属性值相同时,检索出另外两项技术属性的属性值。例如,当 $TA_{42}=1$ 和 $TA_{43}=1$ 时,TA_{41} 与 TA_{51} 的属性值见表 8-13。

表 8-13　TA_{41} 与 TA_{51} 的属性值

TA_{41}	1	3	5	7	9
TA_{51}	7	7	5	3	1

第三步:计算平均斜率。

根据式(4-32)～式(4-33),计算 TA_{51} 与 TA_{41} 的平均斜率为－0.8。重复以上述步骤,计算 TA_{51} 与 TA_{42}、TA_{43},TA_{41} 与 TA_{42}、TA_{43},TA_{42} 与 TA_{43} 的平均斜率均为 0。

第四步:技术冲突识别。

因为－0.8<0,所以 TA_{51} 与 TA_{41} 之间有冲突。又由于 TA_{51} 与 TA_{42}、TA_{43},TA_{41} 与 TA_{42}、TA_{43},TA_{42} 与 TA_{43} 的平均斜率等于 0,所以它们不相关,即不存在冲突。

第五步:技术冲突转换。

TA_{51} 与 TA_{41} 的冲突,即同时增大垃圾盒和水箱的容量,转化为 TRIZ 理论可识别的矛盾。TA_{51} 为提高的参数,增大容量以增加垃圾盒和水箱的存储;TA_{41} 为恶化的参数,减小容量受限于内部空间。在 TA_{41} 中,垃圾盒的高度影响垃圾吸取的效果,不能缩短,但可以减小垃圾盒的面积。因此,参数 7“智能产品工作的体积”为提高的参数,参数 5“智能产品工作的面积”为恶化的参数。

第六步:技术冲突解决。

在矛盾矩阵中,参数 7 与 5 交叉处包含的发明原理依次为 1、7、4、17。理论上,发明原理 1 优先被选择。然而,考虑到后续设计、制造、服务等环节,发明原理 4 被选中,即非对称。在垃圾盒中安装压缩装置,减小垃圾占用的空间,使其能容纳更多的垃圾。

此外,重复上述步骤 1～3,得到其他技术属性之间的平均斜率大于或等于 0,它们之间没有冲突存在,不需要后续步骤解决。

8.4　智能扫地机器人的监测与控制功能的设计

本节仍以智能扫地机器人为例，来验证本章设计的监测与控制功能的正确性和有效性。首先，根据技术属性关系划分模块，组成智能扫地机器人。其次，采用 WSN 监测智能扫地机器人，采用 K-means 算法处理监测数据，采用三角模糊数评价监测功能成熟度。最后，在监测功能的基础上，采用自整定模糊 PID 控制器实现智能扫地机器人的控制功能，并采用三角模糊数评价控制功能成熟度。监测与控制功能是下一节优化功能设计的重要输入。

8.4.1　智能扫地机器人的模块划分

根据上一节识别的智能扫地机器人技术属性及其关系，建立技术属性的初始图（图 8－6）和初始关系矩阵［式（8－16）］。经成对比较算法计算后，确定新的关系矩阵，见式（8－17）。

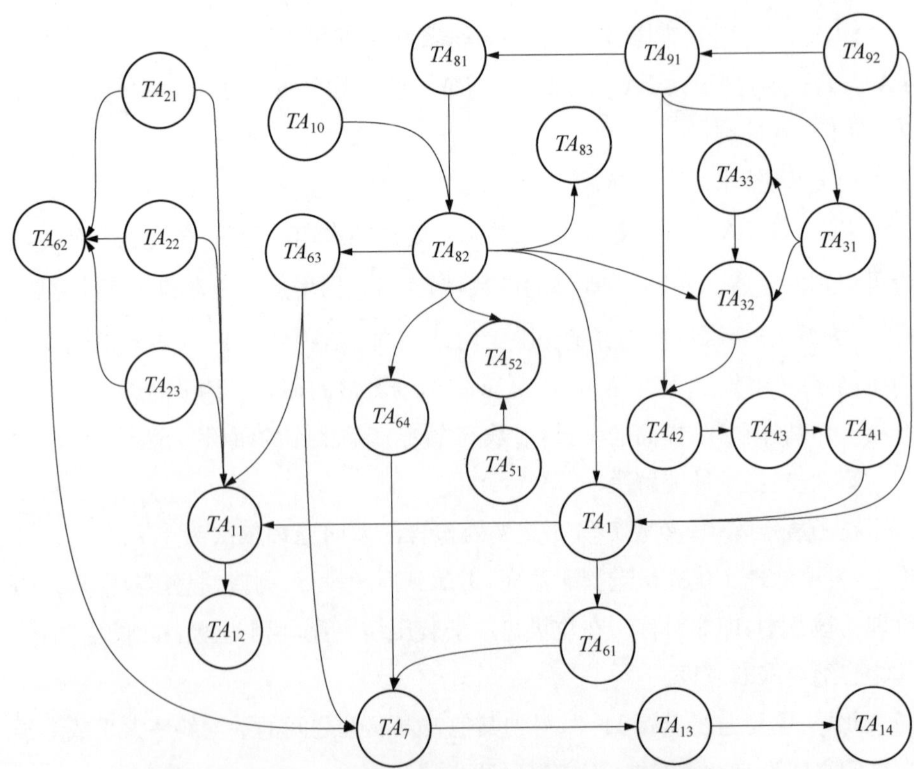

图 8－6　智能扫地机器人技术属性的初始图

从式(8－16)中总结出智能扫地机器人技术属性的关系如下：

$$
\begin{array}{l}
TA_{1}\\ TA_{21}\\ TA_{22}\\ TA_{23}\\ TA_{31}\\ TA_{32}\\ TA_{33}\\ TA_{41}\\ TA_{42}\\ TA_{43}\\ TA_{51}\\ TA_{52}\\ TA_{61}\\ TA_{62}\\ TA_{63}\\ TA_{64}\\ TA_{7}\\ TA_{81}\\ TA_{82}\\ TA_{83}\\ TA_{91}\\ TA_{92}\\ TA_{10}\\ TA_{11}\\ TA_{12}\\ TA_{13}\\ TA_{14}
\end{array}
\begin{bmatrix}
\blacksquare & 0 & 0 & 0 & 0 & 0 & 0 & 1 & 0 & 0 & 0 & 0 & 0 & 0 & 0 & 0 & 0 & 0 & 1 & 0 & 0 & 1 & 0 & 0 & 0 & 0 & 0\\
0 & \blacksquare & 0 & 0 & 0 & 0 & 0 & 0 & 0 & 0 & 0 & 0 & 0 & 0 & 0 & 0 & 0 & 0 & 0 & 0 & 0 & 0 & 0 & 0 & 0 & 0 & 0\\
0 & 0 & \blacksquare & 0 & 0 & 0 & 0 & 0 & 0 & 0 & 0 & 0 & 0 & 0 & 0 & 0 & 0 & 0 & 0 & 0 & 0 & 0 & 0 & 0 & 0 & 0 & 0\\
0 & 0 & 0 & \blacksquare & 0 & 0 & 0 & 0 & 0 & 0 & 0 & 0 & 0 & 0 & 0 & 0 & 0 & 0 & 0 & 0 & 0 & 0 & 0 & 0 & 0 & 0 & 0\\
0 & 0 & 0 & 0 & \blacksquare & 0 & 0 & 0 & 0 & 0 & 0 & 0 & 0 & 0 & 0 & 0 & 0 & 0 & 0 & 0 & 1 & 0 & 0 & 0 & 0 & 0 & 0\\
0 & 0 & 0 & 0 & 1 & \blacksquare & 1 & 0 & 0 & 0 & 0 & 0 & 0 & 0 & 0 & 0 & 0 & 0 & 1 & 0 & 0 & 0 & 0 & 0 & 0 & 0 & 0\\
0 & 0 & 0 & 0 & 1 & 0 & \blacksquare & 0 & 0 & 0 & 0 & 0 & 0 & 0 & 0 & 0 & 0 & 0 & 0 & 0 & 0 & 0 & 0 & 0 & 0 & 0 & 0\\
0 & 0 & 0 & 0 & 0 & 0 & 0 & \blacksquare & 0 & 1 & 0 & 0 & 0 & 0 & 0 & 0 & 0 & 0 & 0 & 0 & 0 & 0 & 0 & 0 & 0 & 0 & 0\\
0 & 0 & 0 & 0 & 0 & 1 & 0 & 0 & \blacksquare & 0 & 0 & 0 & 0 & 0 & 0 & 0 & 0 & 0 & 0 & 0 & 1 & 0 & 0 & 0 & 0 & 0 & 0\\
0 & 0 & 0 & 0 & 0 & 0 & 0 & 0 & 1 & \blacksquare & 0 & 0 & 0 & 0 & 0 & 0 & 0 & 0 & 0 & 0 & 0 & 0 & 0 & 0 & 0 & 0 & 0\\
0 & 0 & 0 & 0 & 0 & 0 & 0 & 0 & 0 & 0 & \blacksquare & 0 & 0 & 0 & 0 & 0 & 0 & 0 & 0 & 0 & 0 & 0 & 0 & 0 & 0 & 0 & 0\\
0 & 0 & 0 & 0 & 0 & 0 & 0 & 0 & 0 & 0 & 1 & \blacksquare & 0 & 0 & 0 & 0 & 0 & 0 & 1 & 0 & 0 & 0 & 0 & 0 & 0 & 0 & 0\\
1 & 0 & 0 & 0 & 0 & 0 & 0 & 0 & 0 & 0 & 0 & 0 & \blacksquare & 0 & 0 & 0 & 0 & 0 & 0 & 0 & 0 & 0 & 0 & 0 & 0 & 0 & 0\\
0 & 1 & 1 & 1 & 0 & 0 & 0 & 0 & 0 & 0 & 0 & 0 & 0 & \blacksquare & 0 & 0 & 0 & 0 & 0 & 0 & 0 & 0 & 0 & 0 & 0 & 0 & 0\\
0 & 0 & 0 & 0 & 0 & 0 & 0 & 0 & 0 & 0 & 0 & 0 & 0 & 0 & \blacksquare & 0 & 0 & 0 & 1 & 0 & 0 & 0 & 0 & 0 & 0 & 0 & 0\\
0 & 0 & 0 & 0 & 0 & 0 & 0 & 0 & 0 & 0 & 0 & 0 & 0 & 0 & 0 & \blacksquare & 0 & 0 & 1 & 0 & 0 & 0 & 0 & 0 & 0 & 0 & 0\\
0 & 0 & 0 & 0 & 0 & 0 & 0 & 0 & 0 & 0 & 0 & 0 & 1 & 1 & 1 & 1 & \blacksquare & 0 & 0 & 0 & 0 & 0 & 0 & 0 & 0 & 0 & 0\\
0 & 0 & 0 & 0 & 0 & 0 & 0 & 0 & 0 & 0 & 0 & 0 & 0 & 0 & 0 & 0 & 0 & \blacksquare & 0 & 0 & 1 & 0 & 0 & 0 & 0 & 0 & 0\\
0 & 0 & 0 & 0 & 0 & 0 & 0 & 0 & 0 & 0 & 0 & 0 & 0 & 0 & 0 & 0 & 0 & 1 & \blacksquare & 0 & 0 & 0 & 1 & 0 & 0 & 0 & 0\\
0 & 0 & 0 & 0 & 0 & 0 & 0 & 0 & 0 & 0 & 0 & 0 & 0 & 0 & 0 & 0 & 0 & 0 & 1 & \blacksquare & 0 & 0 & 0 & 0 & 0 & 0 & 0\\
0 & 0 & 0 & 0 & 0 & 0 & 0 & 0 & 0 & 0 & 0 & 0 & 0 & 0 & 0 & 0 & 0 & 0 & 0 & 0 & \blacksquare & 1 & 0 & 0 & 0 & 0 & 0\\
0 & 0 & 0 & 0 & 0 & 0 & 0 & 0 & 0 & 0 & 0 & 0 & 0 & 0 & 0 & 0 & 0 & 0 & 0 & 0 & 0 & \blacksquare & 0 & 0 & 0 & 0 & 0\\
0 & 0 & 0 & 0 & 0 & 0 & 0 & 0 & 0 & 0 & 0 & 0 & 0 & 0 & 0 & 0 & 0 & 0 & 0 & 0 & 0 & 0 & \blacksquare & 0 & 0 & 0 & 0\\
1 & 1 & 1 & 1 & 0 & 0 & 0 & 0 & 0 & 0 & 0 & 0 & 0 & 0 & 1 & 0 & 0 & 0 & 0 & 0 & 0 & 0 & 0 & \blacksquare & 0 & 0 & 0\\
0 & 0 & 0 & 0 & 0 & 0 & 0 & 0 & 0 & 0 & 0 & 0 & 0 & 0 & 0 & 0 & 0 & 0 & 0 & 0 & 0 & 0 & 0 & 1 & \blacksquare & 0 & 0\\
0 & 0 & 0 & 0 & 0 & 0 & 0 & 0 & 0 & 0 & 0 & 0 & 0 & 0 & 0 & 0 & 1 & 0 & 0 & 0 & 0 & 0 & 0 & 0 & 0 & \blacksquare & 0\\
0 & 0 & 0 & 0 & 0 & 0 & 0 & 0 & 0 & 0 & 0 & 0 & 0 & 0 & 0 & 0 & 0 & 0 & 0 & 0 & 0 & 0 & 0 & 0 & 0 & 1 & \blacksquare
\end{bmatrix}
\tag{8-16}
$$

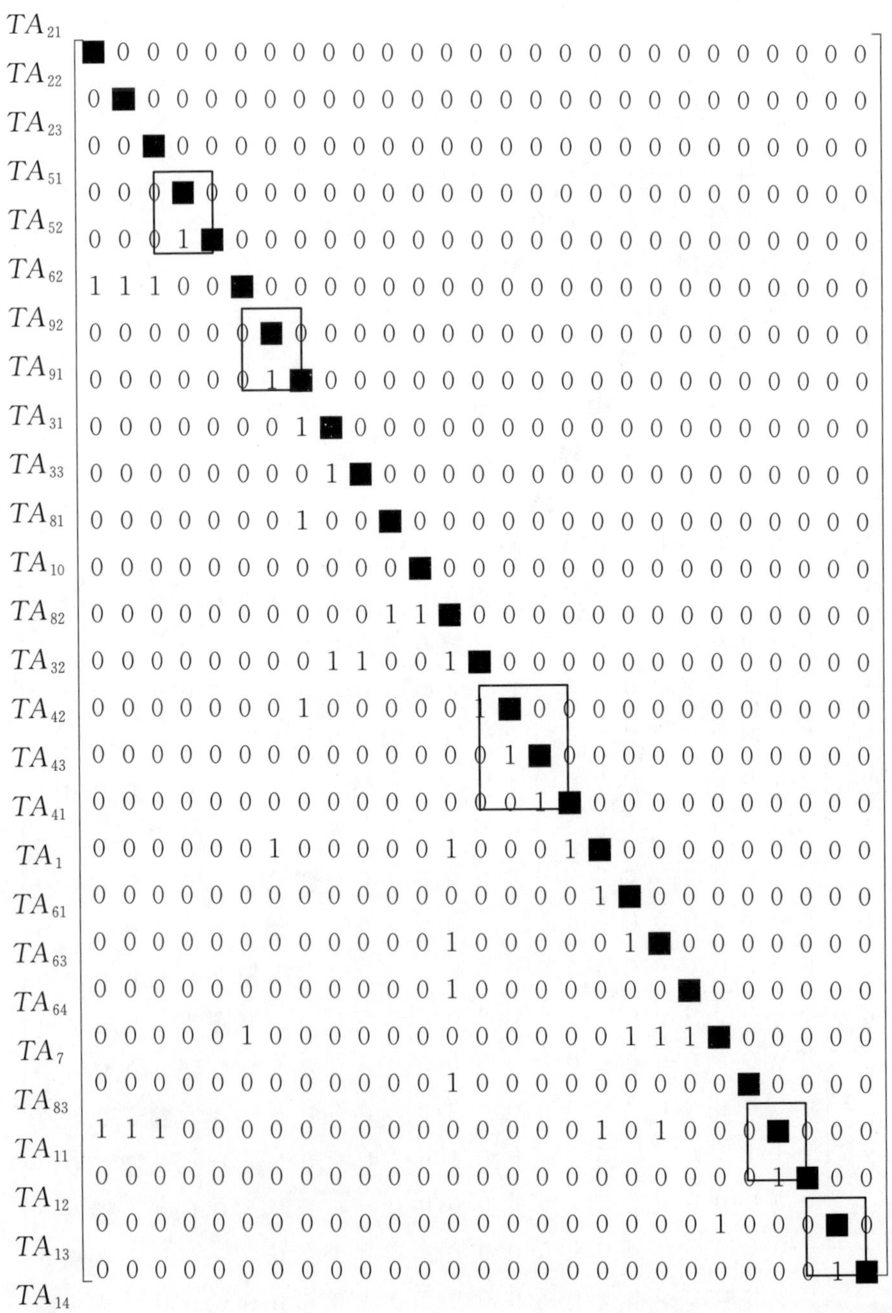
TA21
TA22
TA23
TA51
TA52
TA62
TA92
TA91
TA31
TA33
TA81
TA10
TA82
TA32
TA42
TA43
TA41
TA1
TA61
TA63
TA64
TA7
TA83
TA11
TA12
TA13
TA14

(8-17)

(1) 独立关系：TA_1、TA_{21}、TA_{22}、TA_{23}、TA_{31}、TA_{32}、TA_{33}、TA_{61}、TA_{62}、TA_{63}、TA_{64}、TA_7、TA_{81}、TA_{82}、TA_{83} 和 TA_{10}。

(2) 顺序关系：TA_{41}、TA_{42} 和 TA_{43}，TA_{51} 和 TA_{52}，TA_{91} 和 TA_{92}，TA_{11} 和 TA_{12}，TA_{13} 和 TA_{14}。

因此，组成智能扫地机器人的模块有：

(1) 物理模块：毛刷电机(TA_{31})、滚刷(TA_{32})、边刷(TA_{33})、垃圾装置模块[垃圾盒(TA_{41})、吸尘电机(TA_{42})和过滤系统(TA_{43})]、拖地装置模块[水箱(TA_{51})和抹布(TA_{52})]、驱动电机(TA_{81})、滚轮(TA_{82})、万向轮(TA_{83})、充电模块[电池(TA_{91})和充电座(TA_{92})]。

(2) 智能模块：无线传感器网络(TA_1)、控制面板(TA_{21})、遥控器操作(TA_{22})、手机操作(TA_{23})、K-means 算法(TA_{61})、改进的自适应遗传算法(TA_{62})、迭代学习控制算法(TA_{63})、路径规划算法(TA_{64})、黑匣子(TA_7)、智能决策模块[自适应神经模糊推理系统(TA_{11})和多智能体系统(TA_{12})]。

(3) 连接模块：GPS 导航系统(TA_{10})、数据处理模块[数据接口(TA_{13})和数据分析算法(TA_{14})]。

这三类模块组成智能扫地机器人后，依次实现监测、控制、优化及自主四项功能。

8.4.2　智能扫地机器人监测功能的设计

为了实现监测功能，在智能扫地机器人上安装传感器及融合来自传感节点的监测数据，然后采用三角模糊数评价监测功能成熟度。

1) 智能扫地机器人传感器的安装

考虑到智能扫地机器人的工作特点，将多个微型传感器被安装在智能扫地机器人上，如图 8-7 所示。

(1) 保险杆上的防撞传感器：这组传感器可以监测前方的障碍物。智能扫地机器人在工作过程中，遇到前方有家具或墙壁时，传感器能够感知后转向工作，避免碰撞家具或墙壁。由于这组传感器数量较多，感应灵敏，清洁角落的垃圾效果更强。

(2) 底部的防跌落传感器：这组传感器可以监测前方楼梯或边缘的落差。智能扫地机器人在清洁时，前方地面一旦出现高度差，被传感器感知后，智能扫地机器人就可以迅速转向，有效防止跌落。

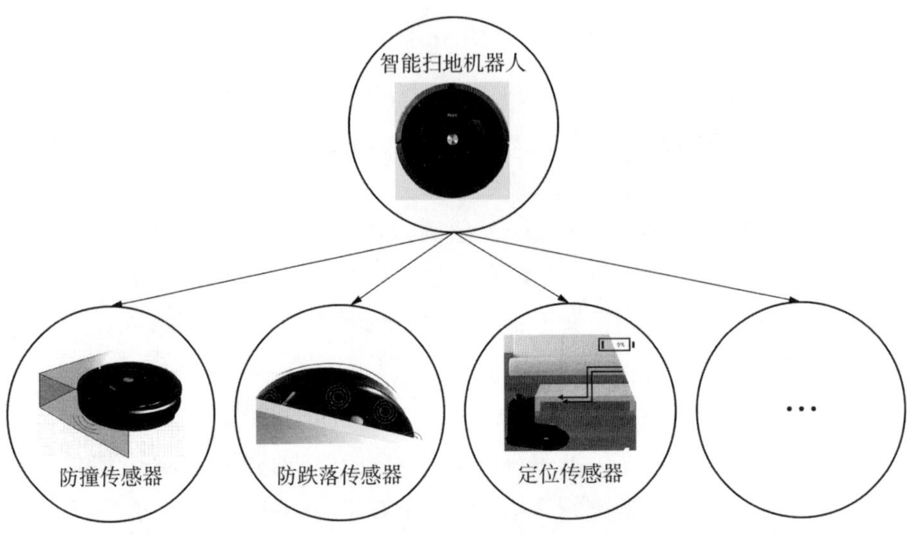

图 8－7 智能扫地机器人的传感器

(3) 充电座上的传感器：智能扫地机器人清扫结束或电量不足时，能够自动寻找充电座充电。充电时定位准确，不需要角度矫正。

此外，还有滚轮上的传感器可以调整智能扫地机器人的行走方向，垃圾盒中集尘压缩装置上的传感器感应垃圾等。

多个传感器监测智能扫地机器人的工作状况和房间摆设，协助其完成地面垃圾清理，防止事故发生。

2) 智能扫地机器人监测数据的融合

在 WSN 中，传感器采集原始监测数据，经簇头节点传给汇聚节点或基站。由于监测数据在传输过程中消耗的能量最多，在通过网络对外传输前，需要对监测数据聚类融合，提取有价值的信息。

利用传感器采集智能扫地机器人在光滑地面和地毯上的工作速度，经 K-means 算法聚类融合后，结果如图 8－8 所示。

从图 8－8 中可以看出星点代表光滑地面的工作速度，圆点代表地毯上的工作速度。其中，被虚线圈起来的工作速度尽管也被聚类，但由于与聚类中心距离较大，可以判断为故障信息，不需要对外传输。针对故障信息，分析后找出故障产生的原因，并采取措施解决。最后将有效信息对外传输，供后续决策使用。

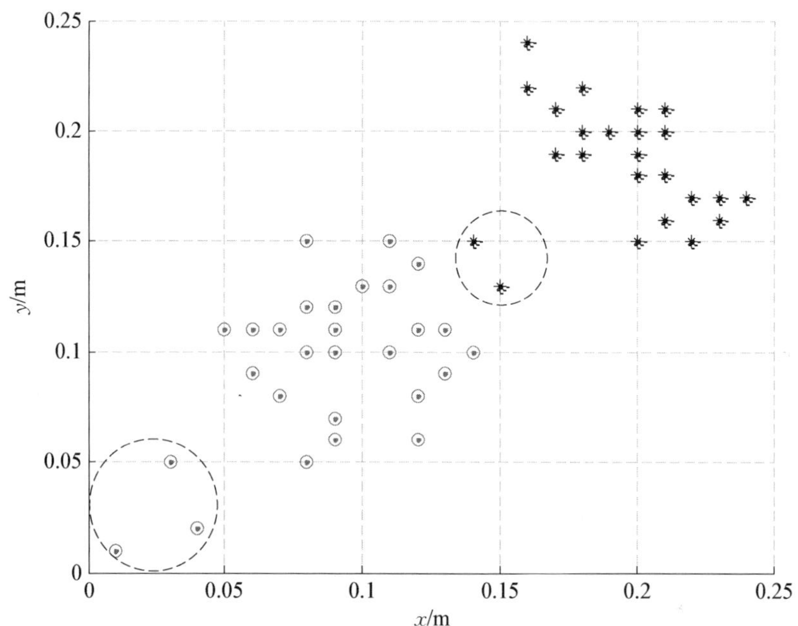

图 8－8　智能扫地机器人的速度聚类图

3）智能扫地机器人监测功能成熟度的评价

智能扫地机器人监测功能初步确定后，其评价维度包括：

(1) 微型传感器设置($O_1{}^1$)：11 组防撞传感器、6 组防跌落传感器、1 组垃圾感应传感器等。

(2) 监测数据采集($O_2{}^1$)：根据以往扫地机器人的工作状态，来合理设置时长。

(3) K-means 处理数据($O_3{}^1$)：要求处理速度快，准确率高。

(4) 故障提示($O_4{}^1$)：智能扫地机器人通过语音对外报警或停止工作。

智能扫地机器人监测功能的各维度评价标准有：效果好($C_1{}^1$)、监测数据准确性高($C_2{}^1$)、响应时间短($C_3{}^1$)。

邀请五位专家评价监测功能标准重要度见表 8－14，指标在标准下的成熟度见表 8－15。

表 8－14 标准重要度的语言变量评价(监测)

评价标准	C_1^1	C_2^1	C_3^1
重要度	VH, VH, VH, H, VH	H, VH, VH, H, VH	VH, H, VH, H, H

表 8－15 指标成熟度的语言变量评价(监测)

	C_1^1	C_2^1	C_3^1
O_1^1	VH, VH, VH, VH, VH	H, H, VH, VH, VH	H, H, VH, H, VH
O_2^1	VH, H, VH, VH, H	VH, H, H, H, VH	H, VH, H, VH, VH
O_3^1	VH, VH, H, VH, H	VH, VH, VH, VH, H	VH, H, H, VH, H
O_4^1	VH, VH, VH, VH, H	H, VH, VH, VH, H	VH, VH, VH, H, H

结合表 8－14 和表 8－15 中内容及功能成熟度评价流程，计算监测功能成熟度，见表 8－16。根据表 8－16 提供的成熟度，确定智能扫地机器人监测功能成熟度位于[0.6，0.8]中，可知成熟度高。

表 8－16 智能扫地机器人监测功能成熟度

评价指标	C_1^1	C_2^1	C_3^1	成熟度值
O_1^1	[0.6080，0.9600]	[0.5184，0.8464]	[0.4624，0.7744]	[0.5296，0.8603]
O_2^1	[0.5472，0.8832]	[0.4896，0.8096]	[0.4896，0.8096]	[0.5088，0.8341]
O_3^1	[0.5472，0.8832]	[0.5472，0.8832]	[0.4624，0.7744]	[0.5189，0.8469]
O_4^1	[0.5776，0.9216]	[0.5184，0.8464]	[0.4896，0.8096]	[0.5285，0.8592]

8.4.3 智能扫地机器人控制功能的设计

在监测功能的基础上实现控制功能。IAGA 优化模糊控制规则后，自整定模糊 PID 控制器利用这些优化的规则控制智能扫地机器人的各项功能，评价控制功能成熟度，完善设计，提高控制效果。

1) 自整定模糊 PID 控制器仿真分析

智能扫地机器人的控制模型可用二阶惯性加时滞环节近似表示，传递函数为

$$G(s)=\frac{e^{-0.2s}}{(2s+1)(s+1)} \tag{8-18}$$

IAGA 优化表 5－2～表 5－4 中人工总结的模糊控制规则，供模糊 PID 控制器在线整定参数，有利于减小超调量和调整时间。设置采样时间为 1 ms，输入为单位阶跃信号。自整定模糊 PID 控制的阶跃响应曲线如图 8－9 所示。

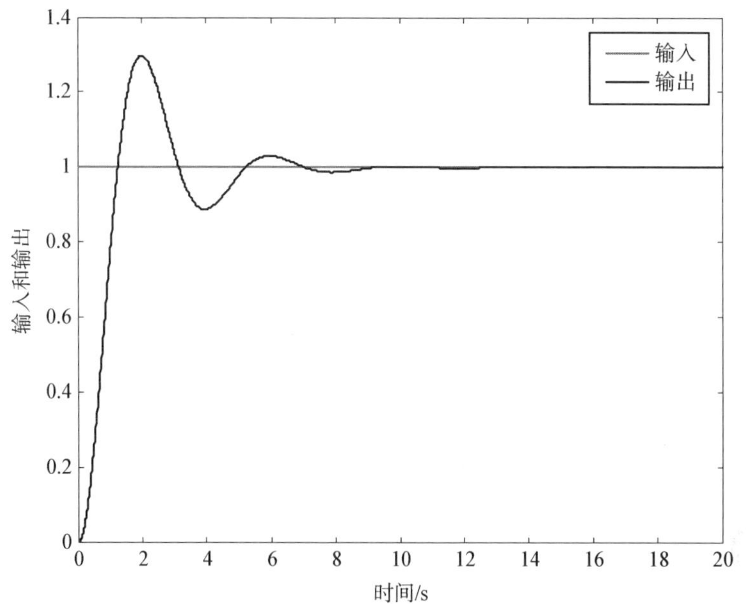

图 8－9　智能扫地机器人自整定模糊 PID 控制器的阶跃响应曲线

从图 8－9 中可知自整定模糊 PID 控制器的最大超调量为 29.76%，调整时间为 6.45 s，且过渡过程比较平稳。

2）智能扫地机器人控制功能成熟度的评价

智能产品的控制功能设计初步完成后，确定评价维度为：

（1）操作界面（O_1^2）：一键操作，伴有语音提示。三种操作方式，即全触屏式操作、遥控器操作和 App 操作。

（2）信息传递（O_2^2）：触屏式和遥控器操作距离短，信息传递效率高。现有网络容量大，App 操作很方便。

（3）控制决策（O_3^2）：配备 2 个芯片，开放式的，同时处理多个问题。

（4）控制精度（O_4^2）：自整定模糊 PID 控制器控制精度高，灵敏性好。

智能扫地机器人控制功能成熟度的各维度评价标准有：个性化程度高（C_1^2）、时间短（C_2^2）、响应速度快（C_3^2）。

同理,五位专家给出控制功能的标准重要度及指标在标准下成熟度的评价,见表 8-17 和表 8-18。

表 8-17 标准重要度的语言变量评价(控制)

评价标准	C_1^2	C_2^2	C_3^2
重要度	H, VH, VH, H, VH	VH, VH, VH, VH, VH	VH, VH, VH, H, VH

表 8-18 指标成熟度的语言变量评价(控制)

	C_1^2	C_2^2	C_3^2
O_1^2	VH, VH, VH, VH, VH	H, H, VH, H, VH	VH, H, VH, VH, VH
O_2^2	H, H, H, H, H	VH, VH, VH, VH, H	VH, H, H, VH, VH
O_3^2	VH, VH, H, H, VH	VH, VH, VH, VH, VH	H, VH, VH, VH, VH
O_4^2	VH, H, H, H, H	H, H, H, H, H	H, VH, VH, H, VH

据表 8-17 和表 8-18 提供内容,利用 5.2.4 小节评价流程评价智能扫地机器人控制功能成熟度,见表 8-19。智能扫地机器人控制功能成熟度处于[0.6, 0.8],成熟度高。

表 8-19 智能扫地机器人控制功能成熟度

评价指标	C_1^2	C_2^2	C_3^2	成熟度值
O_1^2	[0.5760, 0.9200]	[0.5440, 0.8800]	[0.5776, 0.9216]	[0.5659, 0.9072]
O_2^2	[0.4320, 0.7360]	[0.6080, 0.9600]	[0.5472, 0.8832]	[0.5291, 0.8597]
O_3^2	[0.5184, 0.8464]	[0.6400, 1.0000]	[0.5776, 0.9216]	[0.5787, 0.9227]
O_4^2	[0.4608, 0.7728]	[0.4800, 0.8000]	[0.5472, 0.8832]	[0.4960, 0.8187]

8.5 智能扫地机器人的优化与自主功能的设计

为了验证本书提出的智能产品的优化与自主功能设计方法的正确性和有效性,本节仍以智能扫地机器人为例进行说明。利用监测数据和控制功能,ILCS 可以实现智能扫地机器人的优化功能,经三角模糊数评价其成熟度后,再完善优化功能设计。ANFIS 处理来自监测、控制和优化功能的信息,将输出信息传给多智能体系统进行智能决策，实现自主功能后，采用三角模糊数评价自主功能成熟度，确定完整的设计方案。最后将各项功能系统集成，包括监测、控制、优化和自主功能的，形成闭环，完成智能扫地机器人概念设计。

8.5.1　智能扫地机器人优化功能的设计

利用监测数据与控制功能，ILCS 可以实现智能扫地机器人的优化功能。根据智能扫地机器人的实际工作状况，建立 ILCS；然后选用 PD 型迭代学习控制算法，使其收敛在期望轨迹邻域内；经三角模糊数评价优化功能成熟度后，完成优化功能的设计。

1）智能扫地机器人的 ILCS 仿真分析

经过多次调研，确定 A 公司设计的这款智能扫地机器人的 ILCS 是带有状态和输出扰动、控制输入时滞的非线性系统。

$$\dot{x}(t)=\begin{Bmatrix}5x_1(t)+\cos[3x_2(t)]\\ 2x_2(t)+\sin[x_1(t)]\end{Bmatrix}+\begin{bmatrix}1 & 1\\ 0 & 1\end{bmatrix}u(t-0.2)+\begin{bmatrix}0.5\cos(2t)\\ 0.2\cos(3t)\end{bmatrix} \tag{8-19}$$

$$y(t)=\begin{bmatrix}2 & 0\\ 0 & 1\end{bmatrix}x(t)+\begin{bmatrix}0.1\sin(8t)\\ 0.3\sin(5t)\end{bmatrix}$$

其中，$t\in[0,\ 1]$。

ILCS 的期望轨迹为

$$y_{\mathrm{d}}(t)=\begin{bmatrix}2\cos\ (\pi t)\\ 4t(1-t)\end{bmatrix} \tag{8-20}$$

该系统的初始状态为任意值 $\|x_d(0)-x_k(0)\|\leqslant 0.1$。采用 PD 型学习律后，选取学习增益矩阵为 $\boldsymbol{\Gamma}=\begin{bmatrix}0.9 & 0\\ 0 & 0.9\end{bmatrix}$ 和 $\boldsymbol{L}=\begin{bmatrix}2 & 0\\ 0 & 2\end{bmatrix}$。

经过 10 次迭代后，y_1 和 y_2 的跟踪轨迹及跟踪误差如图 8 - 10 和图 8 - 11 所示。从图 8 - 10 中可以看出大约 7 次迭代后，智能扫地机器人的输出轨迹基本上逼近期望轨迹。尽管 ILCS 存在状态和输出扰动、控制输入时滞及初始状态偏移，但 PD 型迭代控制算法依然能准确地跟踪期望轨迹。究其原因是因为学习增益矩阵 $\boldsymbol{\Gamma}$ 满足式(6 - 5)，保证算法收敛，使设计的 ILCS 有界，优化功能得以实现。

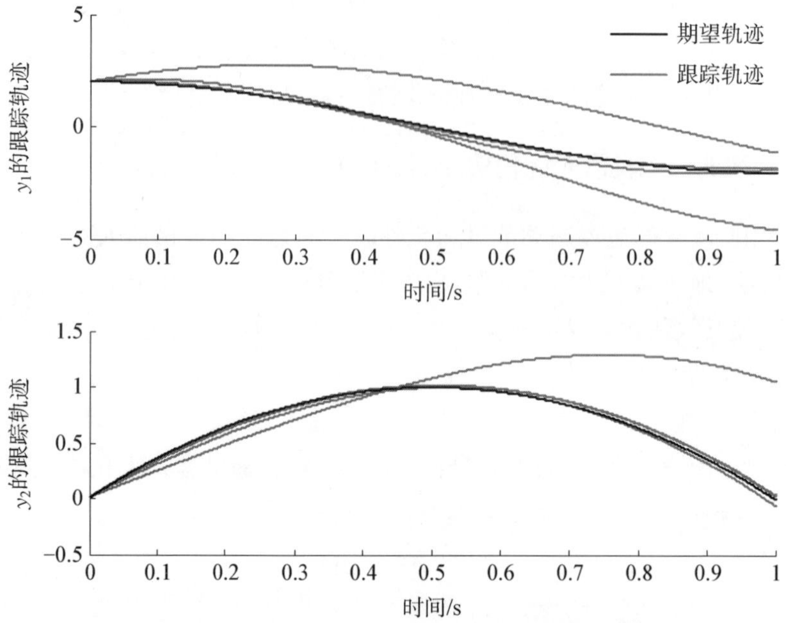

图 8-10　y_1 和 y_2 的迭代输出轨迹(智能扫地机器人)

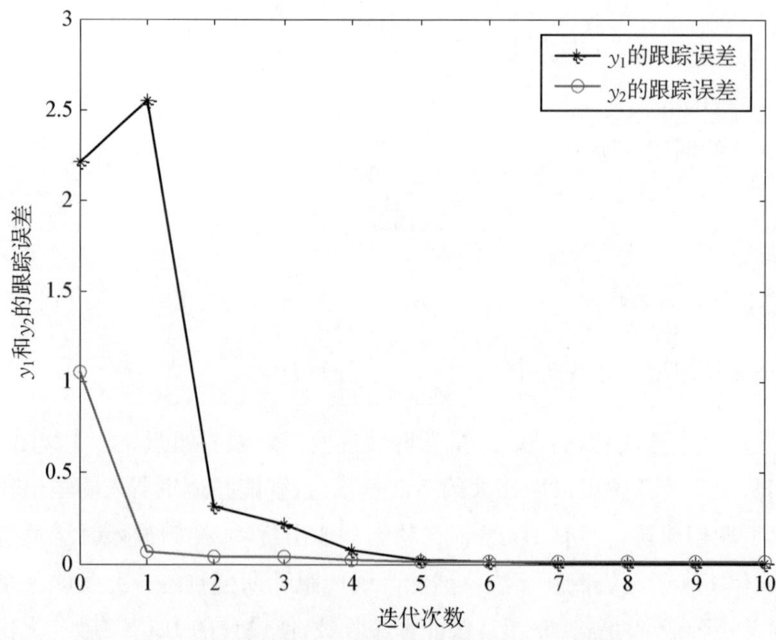

图 8-11　y_1 和 y_2 的跟踪误差曲线(智能扫地机器人)

2）智能扫地机器人优化功能成熟度的评价

智能扫地机器人优化功能的评价维度包括：

（1）工作模型(O_1^3)：式(8－19)和式(8－20)模拟智能扫地机器人实际工作，其中式(6－33)代表最优性能。

（2）PD型算法(O_2^3)：PD型迭代学习控制算法在规定时间内使输出轨迹逼近期望轨迹，把跟踪误差控制在可接受的范围内。

（3）ILCS鲁棒性(O_3^3)：智能扫地机器人的工作性能在各种干扰下仍控制在最优性能的邻域内。

智能扫地机器人优化功能成熟度各维度的评价标准为：高精度(C_1^3)、高可靠性(C_2^3)、响应时间短(C_3^3)。

类似地，五位专家评价优化功能的标准重要度及指标在标准下的成熟度，见表8－20和表8－21。

表8－20　标准重要度的语言变量评价(优化)

评价标准	C_1^3	C_2^3	C_3^3
重要度	VH，H，VH，VH，H	VH，H，VH，VH，VH	H，H，VH，VH，H

表8－21　指标成熟度的语言变量评价(优化)

	C_1^3	C_2^3	C_3^3
O_1^3	H，H，M，H，M	H，VH，H，H，H	M，H，M，M，H
O_2^3	VH，H，M，H，H	H，H，H，M，H	H，H，M，M，H
O_3^3	M，M，M，H，M	VH，H，VH，H，H	M，M，H，H，M

根据表8－20和表8－21提供的语言变量，经成熟度评价后，结果见表8－22。智能扫地机器人优化功能成熟度处于[0.4，0.6]中，成熟度一般。

表8－22　智能扫地机器人优化功能成熟度

评价指标	C_1^3	C_2^3	C_3^3	成熟度值
O_1^3	[0.3744，0.6624]	[0.4864，0.8064]	[0.3264，0.5984]	[0.3957，0.6891]
O_2^3	[0.4320，0.7360]	[0.4256，0.7296]	[0.3536，0.6336]	[0.4037，0.6997]
O_3^3	[0.3168，0.5888]	[0.5168，0.8448]	[0.3264，0.5984]	[0.3867，0.6773]

8.5.2　智能扫地机器人自主功能的设计

集成 ANFIS 和多智能体系统能够实现自主功能。ANFIS 处理来自监测、控制和优化的信息，并将处理完的信息传给多智能体系统进行决策，三角模糊数评价自主功能成熟度后，确定自主功能设计。

1) 智能扫地机器人的 ANFIS 仿真分析

(1) 确定训练数据。智能扫地机器人的训练数据包括监测、控制和优化功能的数据。从 A 公司获取 100 条有效数据，分成 4 个组，每个组包含 25 条数据，选取其中一组代表某段运动轨迹的训练数据作为输入。

(2) 创建模糊推理系统。根据专家经验，建立模糊控制规则库。例如，垃圾多的情况下，采用大功率(1 000 Pa 吸力)清洁；垃圾少的情况下，采用小功率(600 Pa 吸力)清洁。确定钟形函数为隶属度函数，将训练数据加载到系统中。

(3) 训练与学习。以反向传播算法和最小二乘法的混合算法(hybrid)作为训练算法，设置 Error Tolerance 为 0，训练次数(Epochs)为 400 次，训练结果如图 8-12 所示。

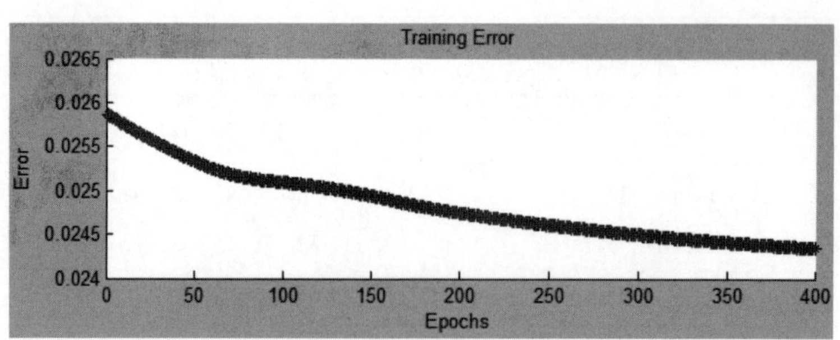

图 8-12　训练误差曲线(智能扫地机器人)

(4) 验证训练结果。训练与学习结束后，利用测试数据验证训练结果的准确性。测试数据作为标准数据，与系统输出数据进行比较，如图 8-13 所示。可知输出数据与测试数据之间的误差为 0.023 951，基本吻合，所以系统是有效的。

2) 基于 Q 学习算法的智能体仿真分析

ANFIS 处理监测、控制与优化信息后，将输出信息传给多智能体系统，利用 Q 学习算法进行智能决策。图 8-14 为某个家庭的平面图，开口的地方表

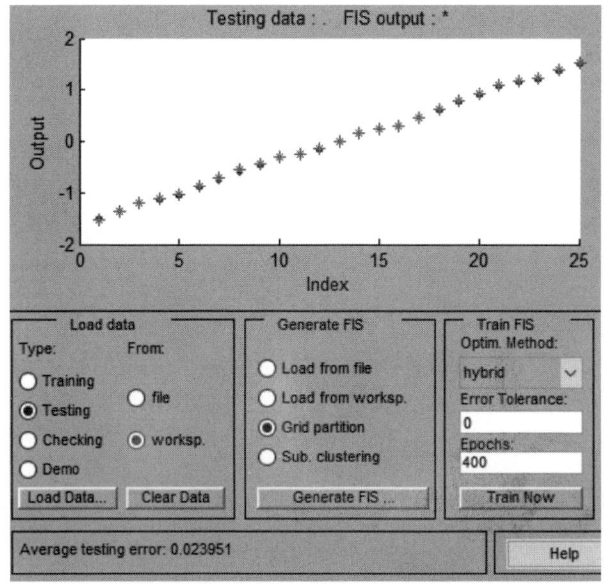

图 8－13　输出数据与测试数据对比(智能扫地机器人)

示房间与房间可以连通。假如智能扫地机器人位于卧室 1 中，需要经过一些房间去卧室 2 做清洁。Q 学习算法将通过状态-动作对的值函数的学习，给出最优策略，即卧室 1 去卧室 2 的最优路径。

设置 Q 学习算法的参数 $\gamma=0.95$，回报值 $r=0$(或 100)，其中"0"表示此房间与卧室 2 不连通，但是可以与其他房间连通，"100"代表此房间与卧室 2 连通。根据图 8－14，确定矩阵 $\boldsymbol{R}$ 为

$$\boldsymbol{R}=\begin{matrix}A\\B\\C\\D\\E\\F\\G\end{matrix}\begin{bmatrix}-1 & 0 & -1 & -1 & -1 & -1 & -1\\0 & -1 & -1 & 0 & -1 & 0 & 0\\-1 & -1 & -1 & 0 & -1 & -1 & -1\\-1 & 0 & 0 & -1 & 100 & -1 & -1\\-1 & -1 & -1 & 0 & 100 & 0 & -1\\-1 & 0 & -1 & -1 & 100 & -1 & 0\\-1 & 0 & -1 & -1 & -1 & 0 & -1\end{bmatrix} \tag{8-21}$$

式中，-1 代表空值，也就是两个房间不连通。

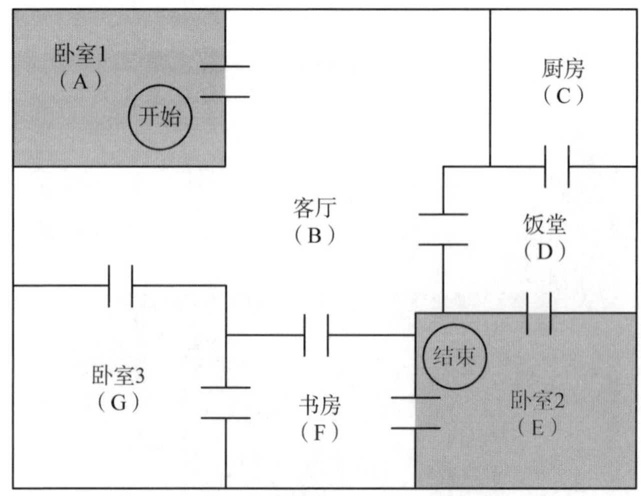

图 8-14　智能扫地机器人的工作环境

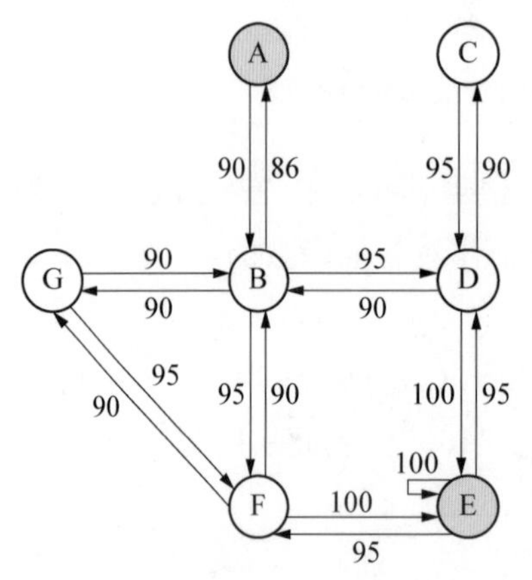

图 8-15　智能扫地机器人的工作路径

经 Q 学习算法处理后，计算出各路径的回报值如图 8-15 所示。从图 8-15 中可以看出，卧室 1 到卧室 2 的最优运行路径为：A→B→D→E 或 A→B→F→E，这两条路径的回报值最大。

3）智能扫地机器人自主功能成熟度的评价

根据智能扫地机器人自主功能的设计，确定评价维度为：

（1）自动清洁垃圾（O_1^4）：智能扫地机器人启动后，边清扫边记忆，避免重复清洁。自动清洁的方式有单间规划、定点清扫、延边清洁等。

（2）与智能家居协调配合（O_2^4）：智能扫地机器人是智能家居中的一员，不仅要与其他智能产品协调配合，还要保持整个系统的协调运行。

（3）自动提高清洁能力（O_3^4）：大功率的变频电机，根据垃圾多少选择频率；扫、卷、吸三种清洁方法一起使用；清扫时，自动调整行走路径，按规定路径清洁。

（4）故障自诊断和自服务（O_4^4）：从监测数据中识别出故障数据，利用数据库检索相关的解决方法，解决故障后将故障和解决方案保存在数据库中。

智能扫地机器人自主功能成熟度的各维度评价标准包括：自动化程度高（C_1^4）、协调能力强（C_2^4）、主动服务能力强（C_3^4）。

同理，五位领域专家用模糊语言变量评价标准重要度及指标在标准下的成熟度，见表 8 - 23 和 8 - 24。

表 8 - 23　标准重要度的语言变量评价（自主）

评价标准	C_1^4	C_2^4	C_3^4
重要度	VH, VH, VH, VH, VH	H, VH, VH, VH, VH	VH, VH, VH, VH, H

表 8 - 24　指标成熟度的语言变量评价（自主）

	C_1^4	C_2^4	C_3^4
O_1^4	VH, H, VH, H, H	H, H, H, H, H	M, M, M, H, H
O_2^4	H, M, M, H, H	VH, VH, H, H, H	H, M, M, M, M
O_3^4	H, VH, H, H, H	VH, H, H, M, H	M, M, M, M, M
O_4^4	M, H, VH, H, H	H, H, H, M, H	VH, H, H, VH, H

利用表 8 - 23 和表 8 - 24 的内容及 5.2.4 小节中的功能成熟度评价流程评价自主功能成熟度（表 8 - 25），智能扫地机器人自主功能设成熟度位于[0.4, 0.6]中，成熟度一般。

表 8 - 25　智能扫地机器人自主功能成熟度

评价指标	C_1^4	C_2^4	C_3^4	成熟度值
O_1^4	[0.5440, 0.8800]	[0.4560, 0.7680]	[0.3648, 0.6528]	[0.4549, 0.7669]
O_2^4	[0.4160, 0.7200]	[0.5168, 0.8448]	[0.3344, 0.6144]	[0.4224, 0.7264]
O_3^4	[0.5120, 0.8400]	[0.4560, 0.7680]	[0.3040, 0.5760]	[0.4240, 0.7280]
O_4^4	[0.4800, 0.8000]	[0.4256, 0.7296]	[0.5168, 0.8448]	[0.4741, 0.7915]

8.5.3　智能扫地机器人系统集成设计

智能扫地机器人的监测、控制、优化和自主功能确定后，集成四项功能的系统形成闭环，完成智能扫地机器人概念设计（图 8 - 16）。

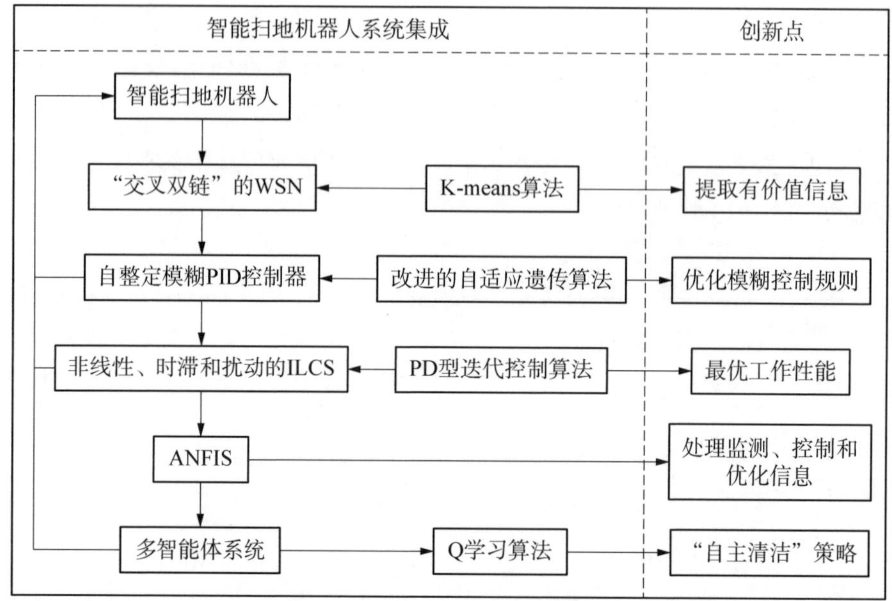

图 8-16　智能扫地机器人的系统集成

WSN 可以监测智能扫地机器人和房间摆设，避免在清洁过程中发生事故，如碰撞、跌落、绕线等。微型传感器以“交叉双链”方式来采集监测数据，经 K-means 算法融合后，提取有效信息，剔除无效信息和判断故障信息。将有效信息对外传递，诊断故障信息原因并采取措施解决。

自整定模糊 PID 控制器能够实现触屏、App 和遥控器操作智能扫地机器人。改进遗传算法的交叉和变异概率，使算法在运行过程中能自适应地调整交叉和变异概率。在线优化模糊控制规则后，自整定模糊 PID 控制器可以减少超调量和调整时间。

根据智能扫地机器人实际清洁过程，设计出非线性、带有扰动和时滞的 ILCS。采用 PD 型迭代学习控制算法来提高清洁能力，并验证了算法使 ILCS 的控制变量、状态变量和输出变量一致有界。

ANFIS 处理来自监测、控制和优化功能的信息，将输出信息传给多智能体系统进行“自主清洁”决策。多智能体系统接收信息后，协调分配信息。Q 学习算法借助知识库强化学习，给出“自主清洁”的最优策略，实现智能扫地机器人自主功能，包括自动清洁、与智能家居系统配合、自动提高清洁能力、自动诊断故障和提供服务。

附录 英文缩略语

缩略词	英文全称	中文名称
A/D	Analog-digital	模拟/数字
AI	Artificial intelligence	人工智能
ANFIS	Adaptive neuro fuzzy inference system	自适应神经模糊推理系统
ANN	Artificial neural network	人工神经网络
CPS	Cyber physical systems	信息物理系统
CR	Customer requirement	客户需求
CR - TA	Customer requirement-technical attribute	客户需求与技术属性
CRM	Customer relationship management	客户关系管理
ERP	Enterprise resource management	企业资源管理
FR	Functional Requirement	功能需求
GPS	Global positioning system	全球定位系统
IAGA	Improved adaptive genetic algorithm	改进的自适应遗传算法
ILCS	Iterative learning control system	迭代学习控制系统
IT	Information technology	信息技术
MAS	Multi-agent system	多智能体系统
MIMO	Multi-input multi-output	多输入多输出
PDM	Product data management	产品数据管理
PID	Proportion-integration-differentiation	比例-积分-微分
QFD	Quality function deployment	质量功能展开

(续表)

缩略词	英文全称	中文名称
RL	Reinforcement learning	强化学习
SISO	Single input single output	单输入单输出
STFN	Symmetrical triangular fuzzy number	对称三角模糊数
TA	Technical attribute	技术属性
TOPSIS	Technique for order preference by similarity to an ideal solution	逼近理想解排序法
TRIZ	Theory of inventive problem solving	发明问题的解决理论
WSN	Wireless sensor networks	无线传感器网络

参考文献

[1] Brand R, Rocchi S. Rethinking value in a changing landscape [J]. A model for strategic reflection and business transformation. 2011: 1-14.

[2] Porter M E, Heppelmann J E. How smart, connected products are transforming competition [J]. Harvard Business Review. 2014, 92(11): 64-88.

[3] Armbrust M, et al. A view of cloud computing [J]. Communications of the ACM. 2010, 53(4): 50-58.

[4] Fan J, Han F, Liu H. Challenges of big data analysis [J]. National science review, 2014, 1(2): 293-314.

[5] Kagermann H, et al. Recommendations for Implementing the Strategic Initiative INDUSTRIE 4.0: Securing the Future of German Manufacturing Industry; Final Report of the Industrie 4.0 Working Group [M]. Forschungsunion, 2013.

[6] Brettel M, et al. How virtualization, decentralization and network building change the manufacturing landscape: An Industry 4.0 Perspective [J]. International Journal of Mechanical, Industrial Science and Engineering, 2014, 8(1): 37-44.

[7] Hermann M, Pentek T, Otto B. Design principles for Industry 4.0 scenarios: a literature review [J]. Technische Universität Dortmund, 2015: 1-16.

[8] Wong C Y, et al. The intelligent product driven supply chain [C]//Systems, Man and Cybernetics, 2002 IEEE International Conference on, IEEE, 2002.

[9] McFarlane D, et al. The intelligent product in manufacturing control and management [C]//15th Triennial World Congress, Barcelona, Spain. 2002.

[10] Kärkkäinen M, et al. Intelligent products—a step towards a more effective project delivery chain [J]. Computers in industry, 2003, 50(2): 141-151.

[11] Ventä O. Intelligent products and systems: Technology theme-final report [M]. VTT Technical Research Centre of Finland, 2007.

[12] Valckenaers P, Van Brussel H. Intelligent products: Intelligent beings or agents? [C]//International Conference on Information Technology for Balanced Automation Systems. Boston, MA: Springer US, 2008: 295-302.

[13] Yang X, Moore P, Chong S K. Intelligent products: From lifecycle data acquisition to enabling product-related services [J]. Computers in Industry, 2009, 60(3):184 - 194.

[14] Valckenaers P, et al. Intelligent products: agere versus essere [J]. Computers in Industry, 2009, 60(3): 217 - 228.

[15] Meyer G G, Främling K, Holmström J. Intelligent products: A survey [J]. Computers in industry, 2009, 60(3): 137 - 148.

[16] Meyer G G, Wortmann J C, Szirbik, N. B. Production monitoring and control with intelligent products [J]. International Journal of Production Research, 2011, 49(5): 1303 - 1317.

[17] Meyer G G. Effective monitoring and control with intelligent products [D]. University of Groningen, 2011.

[18] Kiritsis D. Closed-loop PLM for intelligent products in the era of the Internet of things [J]. Computer-Aided Design, 2011, 43(5): 479 - 501.

[19] McFarlane D, et al. Product intelligence in industrial control: Theory and practice [J]. Annual Reviews in Control, 2013, 37(1): 69 - 88.

[20] Främling, K., et al. Sustainable PLM through intelligent products [J]. Engineering Applications of Artificial Intelligence. 2013, 26(2): 789 - 799.

[21] Griffin A, Hauser J R. The voice of the customer [J]. Marketing science, 1993, 12 (1): 1 - 27.

[22] Slater S F, Narver J C. Research notes and communications customer-led and market-oriented: Let's not confuse the two [J]. Strategic management journal, 1998, 19(10): 1001 - 1006.

[23] Amit R, Zott C. Creating value through business model innovation [J]. MIT Sloan Management Review, 2012, 53(3): 41.

[24] Poetz M K, Schreier M. The value of crowdsourcing: can users really compete with professionals in generating new product ideas? [J]. Journal of Product Innovation Management, 2012, 29(2): 245 - 256.

[25] KN・奥托,伍德. Product design: techniques in reverse engineering and new product development [M]. 北京:清华大学出版社, 2003.

[26] Urban G L, Hauser J R. "Listening in" to find and explore new combinations of customer needs [J]. Journal of Marketing, 2004, 68(2): 72 - 87.

[27] Karsak E E, Sozer S, Alptekin S E. Product planning in quality function deployment using a combined analytic network process and goal programming approach [J]. Computers & industrial engineering, 2003, 44(1): 171 - 190.

[28] Kano N, et al. Attractive quality and must-be quality [J]. Journal of the Japanese Society for Quality Control, 1984, 14(2): 147 - 156.

[29] Maslow A H. A theory of human motivation [J]. Psychological review, 1943, 50(4): 370 - 396.

[30] Suh N P. Axiomatic design of mechanical systems [J]. Journal of Mechanical Design, 1995, 117(B): 2 - 10.

[31] Suh N P. Designing-in of quality through axiomatic design [J]. IEEE Transactions on reliability 1995, 44(2): 256 - 264.

[32] Suh N P. Axiomatic design theory for systems [J]. Research in engineering design, 1998, 10(4): 189 - 209.

[33] Suh N P, Suh N P. Axiomatic design: advances and applications [M]. New York: Oxford university press, 2001.

[34] Akao Y. Quality function deployment: integrating customer requirements into product design [M]. Cambridge, MA: Productivity Press, 1990.

[35] Chatterjee K, Samuelson W. Bargaining under incomplete information [J]. Operations Research, 1983, 31(5): 835 - 851.

[36] Zeithaml V A. Consumer perceptions of price, quality, and value: a means-end model and synthesis of evidence [J]. The Journal of marketing, 1988: 2 - 22.

[37] Sheth J N, Newman B I, Gross B L. Why we buy what we buy: A theory of consumption values [J]. Journal of business research, 1991, 22(2): 159 - 170.

[38] Gale B, Wood R C. Managing customer value: Creating quality and service that customers can see [M]. Simon and Schuster, 1994.

[39] Day G S. The capabilities of market-driven organizations [J]. The Journal of Marketing, 1994: 37 - 52.

[40] Lai A W. Consumer Values, Product Benefits and Customer Value: A Consumption Behavior Approach [J]. Advances in consumer research, 1995, 22(1):381 - 388.

[41] Woodruff R B. Customer value: the next source for competitive advantage [J]. Journal of the academy of marketing science, 1997, 25(2): 139 - 153.

[42] Parasuraman R, Riley V. Humans and automation: Use, misuse, disuse, abuse [J]. Human Factors: The Journal of the Human Factors and Ergonomics Society, 1997, 39 (2): 230 - 253.

[43] Berger P D, Nasr N I. Customer lifetime value: Marketing models and applications [J]. Journal of interactive marketing, 1998, 12(1): 17 - 30.

[44] Sinha I, DeSarbo W S. An integrated approach toward the spatial modeling of perceived customer value [J]. Journal of Marketing Research, 1998: 236 - 249.

[45] Anderson J C, Narus J A. Business marketing: understand what customer value [J]. Harvard business review, 1998, 76: 53 - 67.

[46] Oliver R L. Whence consumer loyalty? [J]. The Journal of Marketing, 1999: 33 - 44.

[47] Vriens M, Ter Hofstede F. Linking attributes, benefits, and consumer values [J]. Marketing Research, 2000, 12(3): 4.

[48] Van der Haar, J W Kemp, R G M, Omta O. Creating value that cannot be copied [J]. Industrial Marketing Management, 2001, 30(8): 627 - 636.

[49] Sirdeshmukh D, Singh J, Sabol B. Consumer trust, value, and loyalty in relational exchanges [J]. Journal of marketing, 2002, 66(1): 15 - 37.

[50] Nash J. Two-person cooperative games [J]. Econometrica: Journal of the Econometric Society, 1953: 128 - 140.

[51] Harsanyi J C. Games with incomplete information played by "Bayesian" players part II. Bayesian equilibrium points [J]. Management Science, 1968, 14(5), 320 - 334.

[52] Matzler K, Hinterhuber H H. How to make product development projects more successful by integrating Kano's model of customer satisfaction into quality function deployment [J]. Technovation, 1998, 18(1): 25 - 38.

[53] Chen C C, Chuang M C. Integrating the Kano model into a robust design approach to enhance customer satisfaction with product design [J]. International Journal of Production Economics, 2008, 114(2): 667 - 681.

[54] Xu Q, et al. An analytical Kano model for customer need analysis [J]. Design Studies, 2009, 30(1): 87 - 110.

[55] Herrmann A, Huber F, Braunstein C. Market-driven product and service design: Bridging the gap between customer needs, quality management, and customer satisfaction [J]. International Journal of production economics, 2000, 66(1): 77 - 96.

[56] Shen X X, Tan K C, Xie M. An integrated approach to innovative product development using Kano's model and QFD [J]. European journal of innovation management, 2000, 3(2): 91 - 99.

[57] Hashim A M, Dawal S Z M. Kano model and QFD integration approach for ergonomic design improvement [J]. Procedia-Social and Behavioral Sciences, 2012, 57: 22 - 32.

[58] Bahn S, et al. Incorporating affective customer needs for luxuriousness into product design attributes [J]. Human Factors and Ergonomics in Manufacturing & Service Industries, 2009, 19(2): 105 - 127.

[59] Miaskiewicz T, Kozar K A. Personas and user-centered design: How can personas benefit product design processes? [J]. Design Studies, 2011, 32(5): 417 - 430.

[60] Simpson T W, et al. From user requirements to commonality specifications: an integrated approach to product family design [J]. Research in Engineering Design, 2012, 23(2): 141 - 153.

[61] Chan L K, Wu M L. Quality function deployment: a literature review [J]. European Journal of Operational Research, 2002, 143(3): 463 - 497.

[62] Chan L K, Wu M L. Prioritizing the technical measures in quality function deployment [J]. Quality engineering, 1998, 10(3): 467 - 479.

[63] Kwong C K, et al. A methodology of determining aggregated importance of engineering characteristics in QFD [J]. Computers & Industrial Engineering, 2007, 53(4): 667 - 679.

[64] Lin M C, et al. Using AHP and TOPSIS approaches in customer-driven product design process [J]. Computers in industry, 2008, 59(1): 17 - 31.

[65] Chan L K, Wu M L. A systematic approach to quality function deployment with a full illustrative example [J]. Omega, 2005, 33(2): 119 - 139.

[66] Chen Y, Fung R Y, Tang J. Rating technical attributes in fuzzy QFD by integrating fuzzy weighted average method and fuzzy expected value operator [J]. European Journal of Operational Research, 2006, 174(3): 1553 - 1566.

[67] Kwong C K, et al. A novel fuzzy group decision-making approach to prioritising engineering characteristics in QFD under uncertainties [J]. International Journal of Production Research, 2011, 49(19): 5801-5820.

[68] Zhai L Y, Khoo L P, Zhong Z W. A rough set based QFD approach to the management of imprecise design information in product development [J]. Advanced Engineering Informatics, 2009, 23(2): 222-228.

[69] Zhai L Y, Khoo L P, Zhong Z W. Towards a QFD-based expert system: A novel extension to fuzzy QFD methodology using rough set theory [J]. Expert Systems with Applications, 2010, 37(12): 8888-8896.

[70] Chan L K, Wu M L. Prioritizing the technical measures in quality function deployment [J]. Quality engineering, 1998, 10(3): 467-479.

[71] Lin M C, et al. Using AHP and TOPSIS approaches in customer-driven product design process [J]. Computers in industry, 2008, 59(1): 17-31.

[72] Malekly H, Mousavi S M, Hashemi H. A fuzzy integrated methodology for evaluating conceptual bridge design [J]. Expert Systems with Applications, 2010, 37(7): 4910-4920.

[73] Li M, Jin L, Wang J. A new MCDM method combining QFD with TOPSIS for knowledge management system selection from the user's perspective in intuitionistic fuzzy environment [J]. Applied soft computing, 2014, 21: 28-37.

[74] Tran L, Duckstein L. Comparison of fuzzy numbers using a fuzzy distance measure [J]. Fuzzy sets and systems, 2002, 130(3): 331-341.

[75] Shen X X, Tan K C, Xie M. An integrated approach to innovative product development using Kano's model and QFD [J]. European journal of innovation management, 2000, 3(2): 91-99.

[76] Bottani E, Rizzi A. Strategic management of logistics service: A fuzzy QFD approach [J]. International Journal of Production Economics, 2006, 103(2): 585-599.

[77] Bottani E. A fuzzy QFD approach to achieve agility [J]. International Journal of Production Economics, 2009, 119(2): 380-391.

[78] Tang J, et al. A new approach to quality function deployment planning with financial consideration [J]. Computers & Operations Research, 2002, 29(11): 1447-1463.

[79] Sakao T. A QFD-centred design methodology for environmentally conscious product design [J]. International Journal of Production Research, 2007, 45(18-19): 4143-4162.

[80] Li Y L, et al. A rough set approach for estimating correlation measures in quality function deployment [J]. Information Sciences, 2012, 189: 126-142.

[81] Yamashina H, Ito T, Kawada H. Innovative product development process by integrating QFD and TRIZ [J]. International Journal of Production Research, 2002, 40(5): 1031-1050.

[82] Hua Z, et al. Integration TRIZ with problem-solving tools: a literature review from 1995 to 2006 [J]. International Journal of Business Innovation and Research, 2006, 1

(1－2)：111－128.
[83] Vezzetti E，Moos S，Kretli S. A product lifecycle management methodology for supporting knowledge reuse in the consumer packaged goods domain [J]. Computer-Aided Design，2011，43(12)：1902－1911.
[84] Sheu D D，Lee H K. A proposed process for systematic innovation [J]. International Journal of Production Research，2011，49(3)：847-868.
[85] Melemez K，et al. Concept design in virtual reality of a forestry trailer using a QFD-TRIZ based approach [J]. Turkish Journal of Agriculture and Forestry，2013，37(6)：789-801.
[86] Widodo A，Yang B S. Support vector machine in machine condition monitoring and fault diagnosis [J]. Mechanical Systems and Signal Processing，2007，21(6)：2560－2574.
[87] Rafiee J，et al. Intelligent condition monitoring of a gearbox using artificial neural network [J]. Mechanical systems and signal processing，2007，21(4)：1746－1754.
[88] Bartelmus W，Zimroz R. A new feature for monitoring the condition of gearboxes in non-stationary operating conditions [J]. Mechanical Systems and Signal Processing，2009，23(5)：1528－1534.
[89] Yick J，Mukherjee B，Ghosal D. Wireless sensor network survey [J]. Computer networks，2008，52(12)：2292－2330.
[90] Teti R，et al. Advanced monitoring of machining operations [J]. CIRP Annals-Manufacturing Technology，2010，59(2)：717－739.
[91] 吴秋云. 面向动态环境监测的无线传感器网络数据处理方法研究[D]. 长沙：国防科学技术大学. 2013.
[92] 张伟. 面向精细农业的无线传感器网络关键技术研究[博士论文]. 杭州：浙江大学. 2013.
[93] Van Houten F，Kimura F. The virtual maintenance system：a computer-based support tool for robust design，product monitoring，fault diagnosis and maintenance planning [J]. CIRP Annals-Manufacturing Technology，2000，49(1)：91－94.
[94] Dimla D E. Sensor signals for tool-wear monitoring in metal cutting operations—a review of methods [J]. International Journal of Machine Tools and Manufacture，2000，40(8)：1073－1098.
[95] Basir O，Yuan X. Engine fault diagnosis based on multi-sensor information fusion using Dempster-Shafer evidence theory [J]. Information Fusion，2007，8(4)：379－386.
[96] Safizadeh M S，Latifi S K. Using multi-sensor data fusion for vibration fault diagnosis of rolling element bearings by accelerometer and load cell [J]. Information Fusion，2014，18：1－8.
[97] Sohrabi K，et al. Protocols for self-organization of a wireless sensor network [J]. IEEE personal communications，2000，7(5)：16－27.

[98] Xu N, et al. A wireless sensor network for structural monitoring [C]//Proceedings of the 2nd international conference on Embedded networked sensor systems. ACM, 2004: 13 - 24.

[99] Mao G, Fidan B, Anderson B D O. Wireless sensor network localization techniques [J]. Computer networks, 2007, 51(10): 2529 - 2553.

[100] 陈德富. 无线传感器网络自适应 MAC 协议研究[D]. 上海: 上海交通大学,2012.

[101] Ota N, Wright P. Trends in wireless sensor networks for manufacturing [J]. International Journal of Manufacturing Research, 2006, 1(1): 3 - 17.

[102] Wright P, Dornfeld D, Ota N. Condition monitoring in end-milling using wireless sensor networks (WSNs) [J]. Transactions of NAMRI/SME, 2008, 36: 177 - 183.

[103] Wu F J, Kao Y F, Tseng Y C. From wireless sensor networks towards cyber physical systems [J]. Pervasive and Mobile Computing, 2011, 7(4): 397 - 413.

[104] Hou L, Bergmann N W. Novel industrial wireless sensor networks for machine condition monitoring and fault diagnosis [J]. IEEE Transactions on Instrumentation and Measurement, 2012, 61(10): 2787 - 2798.

[105] Ko D. Kwak Y, Song S. Real time traceability and monitoring system for agricultural products based on wireless sensor network [J]. International Journal of Distributed Sensor Networks, 2014: 1 - 7.

[106] Francis B A, Wonham W M. The internal model principle of control theory [J]. Automatica, 1976, 12(5): 457 - 465.

[107] Kwakernaak H, Sivan R. Linear optimal control systems [M]. New York: Wiley-interscience, 1972.

[108] Arimoto S. Control Theory of Nonlinear Mechanical Systems [M]. Oxford: Oxford University Press, 1996.

[109] Skogestad S, Postlethwaite I. Multivariable feedback control: analysis and design [M]. New York: Wiley, 2007.

[110] Antsaklis P J, Passino K M. Introduction to intelligent control systems with high degrees of autonomy [M]. Dordrecht Kluwer Academic Publishers, 1993.

[111] Åström K J, Hägglund T. Automatic tuning of PID controllers [J]. Instrument Society of America, 1988.

[112] Åström K J, Hägglund T. Advanced PID control [M]. ISA-The Instrumentation, Systems, and Automation Society, 2006.

[113] O'Dwyer A. Handbook of PI and PID controller tuning rules [M]. London: Imperial College Press, 2009.

[114] Rivera D E, Morari M, Skogestad S. Internal model control: PID controller design [J]. Industrial & engineering chemistry process design and development, 1986, 25 (1): 252-265.

[115] Shafiei Z, Shenton A T. Frequency-domain design of PID controllers for stable and unstable systems with time delay [J]. Automatica, 1997, 33(12): 2223 - 2232.

[116] Savran A. A multivariable predictive fuzzy PID control system [J]. Applied Soft

Computing，2013，13(5)：2658 - 2667.

[117] 林辉. 轮毂电机驱动电动汽车联合制动的模糊自整定 PID 控制方法研究[D]. 长春：吉林大学，2013.

[118] Ramos-Velasco，L E，Domínguez-Ramírez O A，Parra-Vega V. Wavenet fuzzy PID controller for nonlinear MIMO systems：Experimental validation on a high-end haptic robotic interface [J]. Applied Soft Computing，2016，40：199 - 205.

[119] Sharma R，Rana K P S，Kumar V. Performance analysis of fractional order fuzzy PID controllers applied to a robotic manipulator [J]. Expert systems with applications，2014，41(9)：4274 - 4289.

[120] Sahu B K，et al. Teaching-learning based optimization algorithm based fuzzy-PID controller for automatic generation control of multi-area power system [J]. Applied Soft Computing，2015，27：240 - 249.

[121] Arimoto S，Kawamura S，Miyazaki F. Bettering operation of robots by learning [J]. Journal of Robotic systems，1984，1(2)：123 - 140.

[122] Ahn H S，Chen Y Q，Moore K L. Iterative learning control：brief survey and categorization [J]. IEEE Transactions on Systems Man and Cybernetics Part C Applications and Reviews，2007，37(6)：1099.

[123] Moore K L. Iterative learning control for deterministic systems [M]. Berlin：Springer Science & Business Media，2012.

[124] 逄勃. 优化迭代学习控制算法及其收敛性分析[D]. 大连：大连理工大学，2013.

[125] 许光伟. 基于优化策略的迭代学习控制算法研究[D]. 大连：大连理工大学，2014.

[126] Longman R W. Iterative learning control and repetitive control for engineering practice [J]. International journal of control，2000，73(10)：930 - 954.

[127] Xu J X，Tan Y. Linear and nonlinear iterative learning control [M]. Berlin：Springer，2003.

[128] Chin I，et al. A two-stage iterative learning control technique combined with real-time feedback for independent disturbance rejection [J]. Automatica，2004，40(11)：1913 - 1922.

[129] Kuc T Y，Lee J S，Nam K. An iterative learning control theory for a class of nonlinear dynamic systems [J]. Automatica，1992，28(6)：1215 - 1221.

[130] Chen Y，Gong Z，Wen C. Analysis of a high-order iterative learning control algorithm for uncertain nonlinear systems with state delays [J]. Automatica，1998，34(3)：345 - 353.

[131] French M，Rogers E. Non-linear iterative learning by an adaptive Lyapunov technique [J]. International Journal of Control，2000，73(10)：840 - 850.

[132] Sun M，Wang D. Initial condition issues on iterative learning control for non-linear systems with time delay [J]. International Journal of Systems Science，2001，32(11)：1365 - 1375.

[133] Sun M，Wang D. Closed-loop iterative learning control for non-linear systems with initial shifts [J]. International Journal of Adaptive Control and Signal Processing，

2002, 16(7): 515-538.

[134] Xu J X. A survey on iterative learning control for nonlinear systems [J]. International Journal of Control, 2011, 84(7): 1275 - 1294.

[135] Bu X, et al. Iterative learning control for a class of nonlinear systems with random packet losses [J]. Nonlinear Analysis: Real World Applications, 2013, 14(1): 567 - 580.

[136] DeMartini B E, et al. A single input-single output coupled microresonator array for the detection and identification of multiple analytes [J]. Applied Physics Letters, 2008, 93(5): 054102.

[137] Liu Y, Xiao Y, Zhao X. Multi-innovation stochastic gradient algorithm for multiple-input single-output systems using the auxiliary model [J]. Applied Mathematics and Computation, 2009, 215(4): 1477 - 1483.

[138] Han L, Ding F. Multi-innovation stochastic gradient algorithms for multi-input multi-output systems [J]. Digital Signal Processing, 2009, 19(4): 545 - 554.

[139] Jang J S R. ANFIS: adaptive-network-based fuzzy inference system [J]. Systems, Man and Cybernetics, IEEE Transactions on, 1993, 23(3): 665 - 685.

[140] Lei Y, et al. Fault diagnosis of rotating machinery based on multiple ANFIS combination with Gas [J]. Mechanical Systems and Signal Processing, 2007, 21(5): 2280 - 2294.

[141] Buragohain M, Mahanta C. A novel approach for ANFIS modelling based on full factorial design [J]. Applied Soft Computing, 2008, 8(1): 609 - 625.

[142] Ertunc H M, Ocak H, Aliustaoglu C. ANN-and ANFIS-based multi-staged decision algorithm for the detection and diagnosis of bearing faults [J]. Neural Computing and Applications, 2013, 22(1): 435 - 446.

[143] Joelianto E, Anura D C, Priyanto M P. ANFIS-hybrid reference control for improving transient response of controlled systems using PID controller [J]. International Journal of Artificial Intelligence™, 2013, 10(A13): 88 - 111.

[144] Jennings N R. On agent-based software engineering [J]. Artificial intelligence, 2000, 117(2): 277 - 296.

[145] 于江涛. 多智能体模型、学习和协作研究与应用[D]. 杭州：浙江大学,2003.

[146] 徐冰. 智能虚拟环境 Agent 技术研究[D]. 杭州：浙江大学,2005.

[147] Rogers A, Corkill D D, Jennings N R. Agent technologies for sensor networks [J]. IEEE Intelligent Systems, 2009, (2): 13 - 17.

[148] Ferber J. Multi-agent systems: an introduction to distributed artificial intelligence [M]. Boston: Addison-Wesley, 1999.

[149] Hong Y, Wang X, Jiang Z P. Distributed output regulation of leader-follower multi-agent systems [J]. International Journal of Robust and Nonlinear Control, 2013, 23 (1): 48 - 66.

[150] Mei J, Ren W, Ma G. Distributed coordination for second-order multi-agent systems with nonlinear dynamics using only relative position measurements [J]. Automatica,

2013, 49(5): 1419-1427.

[151] Ye X, Gershenson J K. Attribute-based clustering methodology for product family design [J]. Journal of Engineering Design, 2008, 19(6): 571-586.

[152] Chen C Y, Liao G Y, Lin K S. An attribute-based and object-oriented approach with system implementation for change impact analysis in variant product design [J]. Computer-Aided Design, 2015, 62: 203-217.

[153] Li X Z, et al. A fuzzy technique for order preference by similarity to an ideal solution-based quality function deployment for prioritizing technical attributes of new products [J]. Proceedings of the Institution of Mechanical Engineers, Part B: Journal of Engineering Manufacture, 2016: 1-15.

[154] Sauerwein E, et al. The Kano model: How to delight your customers [C]. International Working Seminar on Production Economics, 1996, 1(1): 313-327.

[155] Sharif Ullah, A M M, Tamaki J I. Analysis of Kano-model-based customer needs for product development [J]. Systems Engineering, 2011, 14(2): 154-172.

[156] Chen L F. A novel approach to regression analysis for the classification of quality attributes in the Kano model: an empirical test in the food and beverage industry [J]. Omega, 2012, 40(5): 651-659.

[157] 朱开明. 市场空间开发中客户价值管理问题的研究[D]. 杭州：浙江大学,2004.

[158] Temponi C, Yen J, Tiao W A. House of quality: A fuzzy logic-based requirements analysis [J]. European Journal of Operational Research, 1999, 117(2): 340-354.

[159] Behzadian M, et al. A state-of the-art survey of TOPSIS applications [J]. Expert Systems with Applications, 2012, 39(17): 13051-13069.

[160] Prakash C, Barua M K. Integration of AHP-TOPSIS method for prioritizing the solutions of reverse logistics adoption to overcome its barriers under fuzzy environment [J]. Journal of Manufacturing Systems, 2015, 37: 599-615.

[161] Baykasoğlu A, Gölcük İ. Development of a novel multiple-attribute decision making model via fuzzy cognitive maps and hierarchical fuzzy TOPSIS [J]. Information Sciences, 2015, 301: 75-98.

[162] Altshuller G, Shulya L. And suddenly the inventor appeared: TRIZ, the theory of inventive problem solving [M]. Technical Innovation Center, Inc. 1996.

[163] Ko Y T. Modeling a hybrid-compact design matrix for new product innovation [J]. Computers & Industrial Engineering, 2016: 1-15.

[164] Ilevbare I M, Probert D, Phaal R. A review of TRIZ, and its benefits and challenges in practice [J]. Technovation, 2013, 33(2): 30-37.

[165] Schöfer M, et al. The value of TRIZ and its derivatives for interdisciplinary group problem solving [J]. Procedia Engineering, 2015, 131: 672-681.

[166] Angkasith V. An intelligent design retrieval system for module-based products [D]. Columbia: University of Missouri—Columbia, 2004.

[167] Chang T R, Wang C S, Wang C C. A systematic approach for green design in

modular product development [J]. The International Journal of Advanced Manufacturing Technology, 2013, 68: 2729 - 2741.

[168] Akyildiz I F, Vuran M C. Wireless sensor networks [M]. New York: John Wiley & Sons, 2010.

[169] MacQueen J. Some methods for classification and analysis of multivariate observations [C]. In Proceedings of the fifth Berkeley symposium on mathematical statistics and probability, 1967, 1(14): 281 - 297.

[170] Carvajal J, Chen G, Ogmen H. Fuzzy PID controller: Design, performance evaluation, and stability analysis [J]. Information Sciences, 2000, 123(3): 249 - 270.

[171] Zheng J M, Zhao S D, Wei S G. Application of self-tuning fuzzy PID controller for a SRM direct drive volume control hydraulic press [J]. Control Engineering Practice, 2009, 17(12): 1398 - 1404.

[172] 刘金琨. 先进 PID 控制 MATLAB 仿真(第三版)[M]. 北京:电子工业出版社,2011.

[173] Srinivas M, Patnaik L M. Adaptive probabilities of crossover and mutation in genetic algorithms [J]. IEEE Transactions on Systems, Man, and Cybernetics, 1994, 24 (4): 656 - 667.

[174] Jang J S R. ANFIS: adaptive-network-based fuzzy inference system [J]. IEEE transactions on systems, man, and cybernetics, 1993, 23(3): 665 - 685.

[175] 随承文,胡瑞波. 产品概念设计在新时代市场环境的应用研究——以智能家居产品为例[J]. 美与时代(上),2022(5):89 - 91.

[176] 吕秋萍. 家用智能助老服务机器人产品概念设计研究[D]. 杭州:浙江工业大学,2019.

[177] 牛红伟,郝佳,曹贝宁,等. 面向产品概念设计的多模态智能交互框架及实现[J/OL]. 计算机集成制造系统,2022,28(8):2508 - 2521.

[178] 蓝坤. 面向冰箱产品概念设计的智能创意激发平台研究[D]. 青岛:青岛理工大学,2020.

致谢

感谢大规模个性化定制系统与技术全国重点实验室、上海交通大学机械与动力工程学院卡奥斯新一代工业智能技术联合研究中心、国际数据空间(IDS)中国研究实验室、上海市推进信息化与工业化融合研究中心、上海市网络化制造与企业信息化重点实验室对本书的资助。

本书得到了国家自然科学基金面上项目(批准号:72371160)、大规模个性化定制系统与技术全国重点实验室开放课题[批准号:H&C-MPC-2023-03-01、H&C-MPC-2023-03-01(Q)]、上海市促进产业高质量发展专项(批准号:212102)的资助。